普通高等教育
一流本科专业
建设成果教材

高分子物理实验

赵丽芬　尹训茜　马　勇　张　强　编

POLYMER
PHYSICS
EXPERIMENTS

扫码获取本书数字资源与在线增值服务

易读书坊

1. 扫描左边二维码并关注“易读书坊”公众号
2. 刮开正版授权码涂层，点击资源，扫码认证

化学工业出版社
·北京·

内容简介

《高分子物理实验》的编写目的是让学生掌握聚合物的结构、分子运动与性能的研究方法，加深对高分子物理理论知识的理解，提高学生的实践创新能力。本书选取了高分子结构、高分子运动与转变、性能三部分内容的经典实验，也包含了以培养创新能力为目标的综合与设计实验。全书共四章，内容紧密关联，形成了系统的实验内容体系；同时，本书引入虚拟仿真和课程思政的教学内容，以满足新工科人才培养的需求。本书可作为高等院校高分子及相关专业系统学习高分子物理研究方法的教材，也可作为从事高分子生产和研究人员的参考书。

图书在版编目（CIP）数据

高分子物理实验 / 赵丽芬等编. -- 北京 ：化学工业出版社，2024. 9. --（普通高等教育教材）.
ISBN 978-7-122-46317-3

Ⅰ. O631-33

中国国家版本馆 CIP 数据核字第 2024XT8886 号

责任编辑：王　婧　杨　菁　　　文字编辑：毕梅芳　师明远
责任校对：王鹏飞　　　装帧设计：张　辉

出版发行：化学工业出版社（北京市东城区青年湖南街 13 号　邮政编码 100011）
印　　装：北京云浩印刷有限责任公司
787mm×1092mm　1/16　印张 8　字数 174 千字　　2025 年 5 月北京第 1 版第 1 次印刷

购书咨询：010-64518888　　　售后服务：010-64518899
网　　址：http://www.cip.com.cn
凡购买本书，如有缺损质量问题，本社销售中心负责调换。

定　　价：29.00 元

前言

高分子物理实验是研究聚合物结构与性能的一门实验科学，是高分子材料与工程专业必修的实践课程。配合理论的实践教材，通常会针对各个理论知识点设置实践内容，但是这些内容之间往往缺少有效的连接。对于大多数学习者来说，每个实验是孤立的，很难达到融会贯通、学以致用的效果。此外，面对新工科建设的需要和信息化技术的飞速发展，高分子物理实验作为高分子专业重要的实验课程，培养学生理论与实践结合的能力、开拓与创新的意识，是新形势下的又一重要任务。为此，我们决定编写一本满足新形势下工科院校教学需要的高分子物理实验教材。

本书的基本任务是使学生掌握研究聚合物的结构、分子运动与性能的方法，加深对高分子物理理论知识的理解，培养学生结合高分子物理理论解决实践问题的能力和应用创新意识。全书围绕高分子结构、性能与分子运动的研究方法展开，共包含四章。其中前三章为高分子物理经典实验，“高分子的结构”包括分子量测定、无扰尺寸测定，以及交联度、结晶度、结晶形态的研究，“高分子的运动与转变”包括玻璃化转变、结晶与熔融转变等的测定方法，“高分子的性能”包括力学、电学、热学以及加工流变性能的研究方法；第四章以创新能力的培养为目标，为综合应用高分子结构与性能知识的创新性实验，包括生活中高分子材料的结构与性能研究、经典材料的结晶结构调控与性能开发、形状记忆新材料的结构设计与性能调控三个实验。

以上四章内容，通过实验背景介绍或采用同一样品开展实验，形成实验内容的相互关联，实现零碎知识到系统知识的整合，提高学习效率和实验效果。第四章引入综合性、设计性的实验内容，引导学生综合应用高分子物理理论和前三章的实验方法，设计实验方案，选择材料和研究方法，进行新材料的开发或结构与性能的系统研究，全面提高学生的综合实践能力。为强化对学生实践创新能力的培养，全书的思考题设计关注与工程实际和科学前沿进展的结合，加强对学生应用创新能力的训练。此外，结合当前信息技术的发展，针对高分子物理研究中部分大型设备难以满足学生实验需求的问题，引入了虚拟仿真实验。为实现立德树人的根本目标，教材以手机拓展阅读的形式引入拓展知识，以开阔学生视野。

本书由山东科技大学高分子物理教学团队主编，编写人员分工如下：赵丽芬编写实验 1～6、8、22～24，尹训茜编写实验 9、12～14、19 和 20，马勇编写实验 7、10、11、15～18 和 21，张强负责实验 6 和实验 7 的修订工作，全书由赵丽芬统稿。在编写过程中得到了化学工业出版社和山东科技大学材料学院各位领导、老师的支持和帮助，在此表示感谢！

由于编者水平有限，书中难免存在不足之处，敬请广大读者批评指正！

编者

2025 年 1 月

目录

第一章

高分子的结构

高分子是由许多重复单元组成的长链结构，这些长链分子可能包含成千上万个单元，其分子量也可达几十万到数百万不等；此外，这些长链结构中还存在着不同的序列结构、支链分子、交联分子等结构特征。而高分子材料则由许多根长链高分子组合而成，更复杂的还可能是由多种高分子组成的共混物或复合材料。共混物由两种或两种以上高分子混合而成，而复合材料则是将高分子与其他材料复合而成，这些材料可以是同种的或不同种的。这就决定了高分子材料具有多层次的结构，既要考虑单根高分子的链结构，也要考虑高分子材料的凝聚态结构，因此，这些结构的研究方法就成了应用和研究高分子的基础。

本章主要基于聚乙二醇、聚丙烯、聚乙烯三个样品，论述了常用结构的研究方法，包括链结构的四个实验：黏均分子量、分子量分布、无扰尺寸、交联度的测定；凝聚态结构测定中常用的结晶形态、结晶度以及结晶结构研究等实验。

实验 1　黏度法测聚合物的黏均分子量

1.1　实验背景

聚合物是由小分子单体聚合而成的长链分子，其优越的力学性能正是由长链结构获得的，而且在一定范围内，这些性能随着分子量的变化而改变。因此，测定聚合物的分子量是进行材料性能分析和控制的需要。目前，已有包括借助于稀溶液依数性质、黏度法、光散射、体积排除色谱等在内的多种仪器和方法可以实现聚合物分子量的测量。其中，溶液的黏度反映了分子在流动时相互之间摩擦的大小，该数值与高分子的分子量和分子形态有关，可以用来方便地测定聚合物的分子量。

1.2　实验目的

拓展阅读

1-1

钱人元院士与分子量的测定

① 掌握黏度法测定高分子溶液分子量的原理。

② 学习乌氏黏度计测定高分子溶液黏度的实验技术及实验数据处理方法。

③ 应用乌氏黏度计测定聚合物的特性黏度和黏均分子量。

1.3 实验原理

1.3.1 黏度的定义

黏度是流体物质的一种物理特性，它反映了流体受外力作用时内部分子间的摩擦力。那么，由高分子和溶剂组成的高聚物溶液的黏度（η），就是高分子与溶剂分子、高分子与高分子以及溶剂与溶剂分子三种内摩擦的综合表现。相应地，纯溶剂黏度（η_0）为溶剂分子与溶剂分子间内摩擦表现出来的黏度。因此，溶液黏度要大于纯溶剂的黏度，二者的比值称为相对黏度（η_r）：

$$\eta_r=\frac{\eta}{\eta_0} \tag{1-1}$$

如果将溶剂分子之间的摩擦效应去除，该数据更趋向于反映高分子之间的摩擦，因此，可以定义增比黏度（η_{sp}）为整个溶液体系的黏度相对于纯溶剂黏度增加的分数：

$$\eta_{sp}=\frac{\eta-\eta_0}{\eta_0}=\frac{\eta}{\eta_0}-1=\eta_r-1 \tag{1-2}$$

明显地，η_{sp} 会随溶液浓度 c 的增加而增加。为了便于比较，将单位浓度下所显示出的增比黏度，即 η_{sp}/c 称为比浓黏度。

为建立黏度与分子量的定量关系，必须进一步消除高聚物分子之间的内摩擦效应，获得高分子链与溶剂摩擦效应的直接关系。因此，将溶液浓度无限稀释，使高聚物分子之间彼此远离，其相互干扰可以忽略不计。这时溶液所呈现出的黏度行为最能反映高聚物分子与溶剂分子之间的内摩擦，因而该极限黏度称为特性黏度，记作 $[\eta]$：

$$[\eta]=\lim_{c\to 0}\frac{\eta_{sp}}{c}=\lim_{c\to 0}\frac{\ln\eta_r}{c} \tag{1-3}$$

因此，在聚合物的化学组成、溶剂、温度条件一定的情况下，$[\eta]$ 与聚合物分子量之间有定量关系，常用 Mark-Houwink 方程表达：

$$[\eta]=KM^{\alpha} \tag{1-4}$$

式中，K 和 α 在聚合物、溶剂以及温度确定的条件下，可视为常数，其数值的获取通常借助于绝对分子量测定方法来标定，例如渗透压法、光散射法等。对于大部分聚合物，α 值一般为 0.5～1.0，在 θ 溶液中，α 值为 0.5。不同条件下的 K 和 α 值可通过相关手册获取，附录一给出了常见聚合物的 K 和 α 值。因此，借助于公式(1-4) 通过测定 $[\eta]$，即可获得高聚物的分子量。

1.3.2 特性黏度的测定

（1）外推法

很显然，溶液的黏度与浓度有关，常用 Huggins 和 Kraemer 两个经验公式表示它们之间的关系：

$$\frac{\eta_{sp}}{c}=[\eta]+K'[\eta]^2c \tag{1-5}$$

$$\frac{\ln\eta_r}{c}=[\eta]-K''[\eta]^2c \tag{1-6}$$

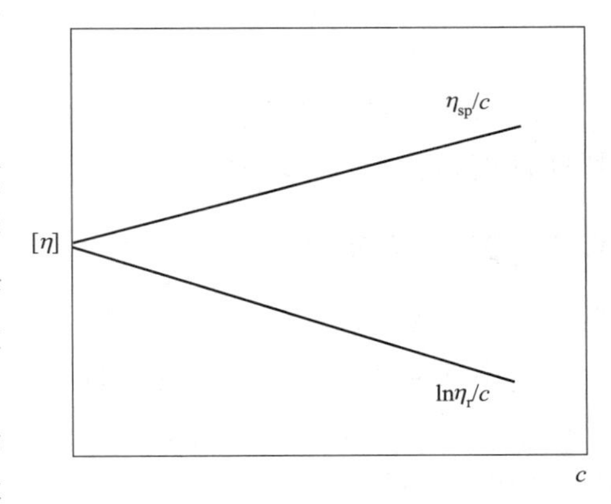

图 1-1　特性黏度的测定曲线

式中，K'和K''均为常数，对于柔性聚合物的良溶剂，二者的和为 1/2。因此，以 η_{sp}/c 对 c 和以 $\ln\eta_r/c$ 对 c 作图，将浓度外推至零，两条曲线可交于一点，即为［η］（如图 1-1 所示），该方法被称为“外推法”。又因为，不同浓度的溶液通常在一支黏度计内稀释获得，也称“稀释法”。在该方法中，两根曲线应会合于一点，这也保证了实验数据的可靠性。

测定 η_{sp}/c 和 $\ln\eta_r/c$ 的绝对数值，可以借助于毛细管黏度计、同轴圆筒黏度计等来实现。事实上，本实验由于所有数据都可以通过相对黏度数据获得，因此，并不需要测出黏度的绝对数据。采用毛细管黏度计进行测量是非常方便的，通过下式可以获取各项黏度数据。

$$\frac{\eta}{\rho}=\frac{\pi hgr^4t}{8LV}-m\frac{V}{8\pi Lt} \tag{1-7}$$

式中，η 为液体的黏度；ρ 为液体的密度；L 为毛细管的长度；r 为毛细管的半径；t 为流出的时间；h 为流过毛细管的液体平均液柱高度；V 为流经毛细管的液体体积；m 为毛细管末端校正的参数（一般在 $r/L \ll 1$ 时，可以取 $m=1$）。

对于某一只指定的黏度计而言，式(1-7) 可以写成：

$$\frac{\eta}{\rho}=At-\frac{B}{t} \tag{1-8}$$

式中，$B<1$，当流出的时间 t 大于 100s 时，该项（亦称动能校正项）可以忽略。又因为通常测定分子量在稀溶液中进行（$c<1\times10^{-2}\mathrm{g}\cdot\mathrm{cm}^{-3}$），所以溶液的密度和溶剂的密度近似相等，因此可将 η_r 写成：

$$\eta_r=\frac{\eta}{\eta_0}=\frac{t}{t_0} \tag{1-9}$$

式中，t 为溶液的流出时间；t_0 为纯溶剂的流出时间。因此，只需测定溶剂和溶液在毛细管中流经固定高度的时间，从式(1-9) 求得 η_r，再由图 1-1 求得［η］。

（2）一点法

在实际应用中，为简化实验操作，可在一个浓度下测定 η_r 或 η_{sp}，不需要外推，直接得到［η］，该方法称为“一点法”。

对于线形柔性高分子的良溶剂体系，若 $K'=0.3\sim0.4$，$K'+K''=1/2$，则可用式(1-5) 减去式(1-6)，得到

$$[\eta]=\frac{1}{c}\sqrt{2(\eta_{sp}-\ln\eta_r)} \tag{1-10}$$

如果 η_r 在 1.3～1.5 之间，此时一点法与外推法所得的［η］值差别在 1%以内。

当所测聚合物为刚性或支化聚合物时，$K'+K''$偏离 1/2 较大，可令$\frac{K'}{K''}=\gamma$，那么下式成立：

$$[\eta]=\frac{\eta_{sp}+\gamma\ln\eta_r}{(1+\gamma)c} \tag{1-11}$$

此时，可通过外推法确定 γ 值，再应用式(1-11) 计算特性黏度，此时与外推法的特性黏度相差在 3%以内。

1.4 仪器与试剂

(1) 仪器

乌氏黏度计（图 1-2），移液管（5mL、10mL），恒温水浴箱，秒表，烧杯（50mL），锥形瓶（100mL），砂芯漏斗，容量瓶（50mL），吸滤瓶（250mL）。

(2) 试剂

聚乙二醇（分析纯），蒸馏水。

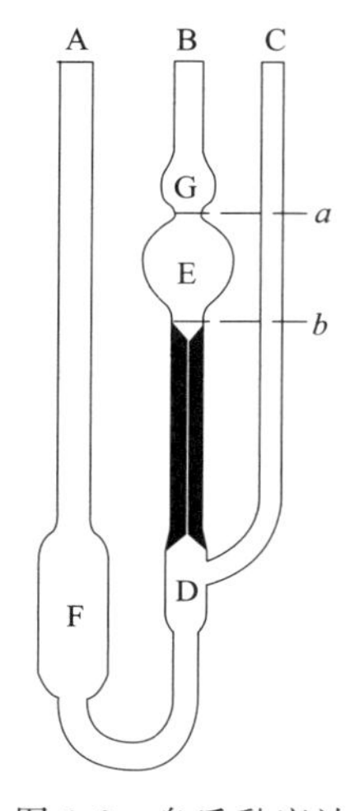

图 1-2 乌氏黏度计

1.5 实验步骤

(1) 温度控制

设定恒温水浴为 (25±0.05)℃。

(2) 溶液配制

本实验选择水溶性的聚乙二醇为待测聚合物，用分析天平准确称取一定量的聚乙二醇样品，溶解于蒸馏水中，控制溶液浓度为 0.001～0.01g/mL，在水浴中加热溶解至溶液完全透明，取出自然冷却至室温。再将溶液移至 50mL 的容量瓶中，置于恒温水浴中恒温，并用蒸馏水稀释至刻度。然后经砂芯漏斗过滤，装入 100mL 锥形瓶中，恒温备用。

(3) 黏度计的洗涤

本实验使用的水溶性高分子，用自来水、蒸馏水反复洗涤干净即可。在实践中，由于测试样品复杂，可使用洗液反复洗涤毛细管部分，然后将洗液倒入废液瓶中，再用自来水、蒸馏水洗涤干净。

（4）溶剂流出时间 t_0 的测定

首先，将黏度计垂直安装在恒温水浴中，保证G球及以下部位均浸在水中，在C管和B管的上端均套上干燥清洁的橡皮管。然后，用移液管吸10mL蒸馏水，从A管注入黏度计F球内，并将C管上端的橡皮管夹住，使其不通大气。使用吸耳球在B管上方吸气，使水从F球经D球抽至G球中部。此时，松开C使其通大气，溶液则沿毛细管流下，当液面流经刻度 a 线处时，立刻按下计时器，至 b 处停止计时，记录液体流经 a、b 之间所需的时间。重复测定三次，偏差小于0.2s，取平均值，即为 t_0 值。

（5）溶液流出时间的测定

使用待测液润洗过的黏度计进行测试，方法同上。采用移液管吸取已预先恒温好的溶液10mL，注入黏度计内，测定溶液的流出时间 t。然后分别加入1mL、1mL、2mL、2mL蒸馏水，加入溶剂体积可变，但应保证B管下方形成空气柱，以抵消压力的影响。每次稀释后都要用稀释液抽洗黏度计的E球，使黏度计内各处溶液的浓度相等，按同样方法进行测定。

测试完成后，应尽快清洗黏度计，直至纯溶剂的流出时间与初始相同为止。

1.6　数据记录与处理

① 数据记录

c/g·cm^{-3}	t_1/s	t_2/s	t_3/s	$t_{平均}$/s	η_r	$\ln\eta_r$	η_{sp}	η_{sp}/c	$\ln\eta_r/c$
c_1									
c_2									
c_3									
c_4									
c_5									
纯溶剂 c_0									

② 在同一坐标系中以 η_{sp}/c 和 $\ln\eta_r/c$ 对 c 作图，求出 $[\eta]$。

③ 25℃时，聚乙二醇水溶液的参数 $K=1.25\times10^{-2}\text{cm}^3\cdot\text{g}^{-1}$，$\alpha=0.78$，计算黏均分子量。

思考题

① 乌氏黏度计中的支管C有什么作用？除去支管C是否仍可以测黏度？

② 如何测定Mark-Houwink方程中的 K 和 α 值？

③ 评价黏度法测定高聚物分子量的优缺点，指出影响测定结果准确性的因素。

④ 在实践中，经常会遇到流出时间不足100s的情形，可以从哪些方面改进以实现方便测量的目的？

实验 2 θ 溶液中测定高分子链的无扰尺寸

2.1 实验背景

高分子链的尺寸与分子量一样，是描述高分子链结构的基本参数，也是影响高分子溶液性质、凝聚态结构以及最终材料性能的重要参数。该参数受到分子链柔顺性以及所处的温度、溶剂等环境的影响，其数值并不固定。可以采用光散射、中子散射等技术测得分子链尺寸的信息，也可以通过聚合物稀溶液的性质得到该信息。尤其是当分子处于无干扰状态时获得的均方末端距数据，与无定形状态下聚合物本体分子链的均方末端距相近，对表征高分子的溶液性质、分子链的柔顺性、分析高分子材料的本体结构都有重要价值。

拓展阅读

1-2

聚环氧乙烷与固态电池

2.2 实验目的

① 理解高分子 θ 溶液的特性。

② 掌握 θ 条件下测定高分子在溶液中无扰尺寸的原理和实验技术。

③ 测量大分子在良溶剂中的扩张因子。

2.3 实验原理

2.3.1 无扰尺寸测量原理

处于溶液中的高分子受到溶剂种类、温度和浓度等因素的影响，形态和尺寸会发生显著变化。当处于良溶剂中时，高分子链会扩张，则末端距增大；当处于不良溶剂中时，分子链则蜷曲，末端距减小。非常特别的是，高分子链处于无扰状态时，分子链既不扩张也不蜷曲，与非晶本体聚合物的尺寸相当。此时，聚合物溶液称为 θ 溶液，相应的温度称为 θ 温度（又称 Flory 温度），溶剂为该温度下该聚合物的 θ 溶剂。在此 θ 状态，Mark-Houwink 方程中的 α 值为 1/2，因此，$[\eta_\theta]$ 与分子量的关系为

$$[\eta_\theta]=K_\theta M^{\frac{1}{2}} \tag{2-1}$$

Flory 将 $[\eta]$ 表达为

$$[\eta]=\Phi\frac{(h^2)^{\frac{3}{2}}}{M} \tag{2-2}$$

式中，Φ 为 Flory 常数；h^2 为均方末端距；M 为分子量。在许多聚合物-溶剂体系中（没有分过级的样品），Φ 的平均值为 2.1×10^{23}，它随溶剂不同而有所改变。其中在 θ 溶剂中，取 $\Phi_\theta=2.86\times10^{23}$。此时，$[\eta_\theta]$ 与均方末端距的关系为

$$[\eta_\theta]=\Phi_\theta\frac{(h_\theta^2)^{\frac{3}{2}}}{M} \tag{2-3}$$

因此，可以通过测量 $[\eta_\theta]$ 求取 θ 状态时的均方末端距：

$$(h_\theta^2)^{\frac{1}{2}}=\left\{\frac{1}{\Phi_\theta}[\eta_\theta]M\right\}^{\frac{1}{3}}=1.518\times10^{-8}([\eta_\theta]M)^{\frac{1}{3}}\quad(\mathrm{cm}) \tag{2-4}$$

在上式运算中，高聚物溶液的浓度单位取 g/mL，而特性黏度 $[\eta]$ 的单位为 mL/g。

因此，用黏度法在 θ 溶液中测定特性黏度 $[\eta]_\theta$，已知 K_θ 值时，可按照式(2-1) 求得分子量 M，进而得到大分子链的无扰尺寸。

2.3.2　扩张因子测量原理

Flory 用扩张因子 χ 描述高分子在溶剂中的尺寸变化：

$$\chi=\sqrt{\frac{\overline{h^2}}{\overline{h_\theta^2}}} \tag{2-5}$$

结合式(2-2) 和式(2-4) 可得，

$$\chi=\sqrt[3]{\frac{\Phi_\theta[\eta]}{\Phi[\eta_\theta]}} \tag{2-6}$$

因此，可以通过溶剂中特性黏度的测量，获得聚合物的扩张因子，分析聚合物的分子形态，对于研究聚合物的溶液性质非常有价值。

2.4　仪器与试剂

（1）仪器

乌氏黏度计 1 支（$t_0>100$s），移液管，容量瓶，吸耳球，恒温水槽。

（2）试剂

K_2SO_4（0.45mol/L）水溶液，聚环氧乙烷。

2.5　实验步骤

35℃时，聚环氧乙烷的 K_2SO_4（0.45mol/L）水溶液为 θ 溶液。本实验采用 35℃时聚环氧乙烷的 K_2SO_4 水溶液 θ 溶液，测定聚环氧乙烷分子链的无扰尺寸，并计算聚环氧乙烷分子链的扩张因子。具体步骤为：

（1）配制 θ 溶液

采用 0.45mol/L 的 K_2SO_4 水溶液为溶剂，准确称量 0.32～0.34g 聚环氧乙烷，于 25mL 容量瓶中溶解数日。实验当天，将容量瓶放置在 40℃左右水浴中加热以促使聚合物完全溶解，并于 35℃恒温槽中定容。然后，再次在 40℃左右水浴中加热数分钟后，摇匀，趁热经带有保温套的 2 号细颈漏斗过滤后，将滤液放于 35℃以上碘量瓶中待测。

（2）$[\eta]_\theta$ 的测量

按照实验 1 中的外推法或一步法测量特性黏度的步骤，测出 $[\eta]_\theta$。

（3）无扰尺寸的求算

已知 35℃时聚环氧乙烷-K_2SO_4 水溶液体系 $K_\theta=0.13$mL/g，计算聚合物的分子量和无扰尺寸。

（4）扩张因子测量

制备聚环氧乙烷-水溶液体系，测量 35℃时的特性黏度，计算扩张因子。

2.6 数据记录与处理

① 记录流出时间，计算 η_r、η_{sp}、η_{sp}/c、$\ln\eta_r/c$；

② 外推法求得 $[\eta]_\theta$；

③ 利用在良溶剂中测定的 M，计算无扰尺寸；

④ 利用在良溶剂水中测得的 $[\eta]$ 和本次在 K_2SO_4 水溶液中测得的 $[\eta]_\theta$ 计算扩张因子。

思考题

① 溶液中聚合物分子尺寸与哪些因素有关？分别是怎样的影响？

② 高分子 θ 溶液有哪些特征？

③ 测定聚合物分子尺寸还有哪些方法？

④ 聚电解质在溶液中具有电离能力，如果测它们的无扰尺寸，如何使它们达到 θ 状态？请查阅文献，针对某一具体材料做出说明。

实验 3　平衡溶胀法测定交联聚合物溶度参数与交联度

3.1　实验背景

聚合物的溶度参数是影响聚合物的溶解、涂料的稀释、胶黏剂的配制、塑料的增塑、聚合物的相容性以及纤维溶液纺丝等过程的重要参数。溶度参数可由内聚能直接计算，但由于聚合物分子间的相互作用能很大，在到达气态之前已经发生了分解，所以不像低分子化合物那样容易直接根据汽化热测出内聚能，因此只能用间接方法进行测定。对于交联聚合物，溶胀平衡法是测该参数的常用方法之一。交联高聚物的平衡溶胀比不仅与溶度参数有关，还受到聚合物交联度、温度、压力等因素的影响，因此，平衡溶胀法提供了一种同时测量交联度与溶度参数的方法。

3.2　实验目的

拓展阅读
1-3
聚合物的交联与海底电缆

① 掌握平衡溶胀法测聚合物溶度参数及交联度的基本原理。

② 掌握重量法测交联聚合物溶胀比的实验技术。

③ 测量交联聚合物的溶度参数、交联点间的平均分子量及高分子与溶剂的相互作用参数。

3.3　实验原理

3.3.1　溶度参数的测量原理

交联聚合物即使在极性相近的溶剂中也不能溶解，但能发生显著的溶胀现象。溶胀过程中，一方面，溶剂分子渗入聚合物内部发生体积膨胀，引起交联分子链的伸展；另一方面，交联网间的分子产生抵抗分子伸展的弹性收缩力，阻碍溶剂分子进入交联网络内部。这两种相反的倾向相互竞争，在溶剂分子进入交联网的速度与被排出的速度相等时，就达到了溶胀平衡态。

溶胀前后交联网的体积发生了变化（图 3-1），通过计算溶胀后与溶胀前相应体积的比值，可以获得溶胀比（Q），其中溶胀平衡状态时的溶胀比称为平衡溶胀比。

根据热力学原理，聚合物能够在液体中溶胀的必要条件是混合自由能 $\Delta F_m<0$，而

$$\Delta F_m=\Delta H_m-T\Delta S_m \tag{3-1}$$

式中，ΔH_m 和 ΔS_m 分别为混合过程中焓和熵的变化；T 为体系的温度。因为混合过程的 ΔS_m 为正值，所以 $-T\Delta S_m$ 必为负值。因此，要满足 $\Delta F_m<0$，必须使 $\Delta H_m<T\Delta S_m$。

假定在混合过程中没有体积变化，ΔH_m 可用式(3-2) 表达，

$$\Delta H_m=\phi_1\phi_2(\delta_1-\delta_2)^2V \tag{3-2}$$

式中，ϕ_1 和 ϕ_2 分别为溶胀体中溶剂和聚合物的体积分数；δ_1 和 δ_2 分别为溶剂和聚合物的溶度参数；V 为混合过程的总体积。

由式(3-2) 可见，δ_1 和 δ_2 愈接近，ΔH_m 值愈小，愈能满足 $\Delta F_m<0$。当 δ_1 和 δ_2 相等时，ΔH_m 为零，此时交联网的溶胀比可望达到极大值。因此，当聚合物与溶剂的

溶度参数越接近时，平衡溶胀比的数值越大。

平衡溶胀法就是根据上述原理，把称量后的交联聚合物放到一系列溶度参数不同的溶剂中，让它在恒定温度下充分溶胀。当达到溶胀平衡态时，对溶胀体称重，求出聚合物交联网在各种溶剂中的溶胀比 Q：

$$Q=\left(\frac{m_1}{\rho_1}+\frac{m_2}{\rho_2}\right)/\frac{m_2}{\rho_2} \tag{3-3}$$

式中，m_1 和 m_2 分别为溶胀体内溶剂和聚合物的质量；ρ_1 和 ρ_2 分别为溶剂和聚合物溶胀前的密度。

能够使聚合物溶胀比达到最大值的溶剂，其溶度参数必定与聚合物的溶度参数最接近。若在一系列不同溶剂中测交联聚合物的平衡溶胀比 Q，并对相应溶剂的溶度参数作图，Q 必出现极大值（Q_{max}），那么此时溶剂所对应的溶度参数值即可视为聚合物的溶度参数，用 δ_2 表示（图 3-2）。

(a) 溶胀前

(b) 溶胀后

图 3-1　溶胀前后的交联网示意图

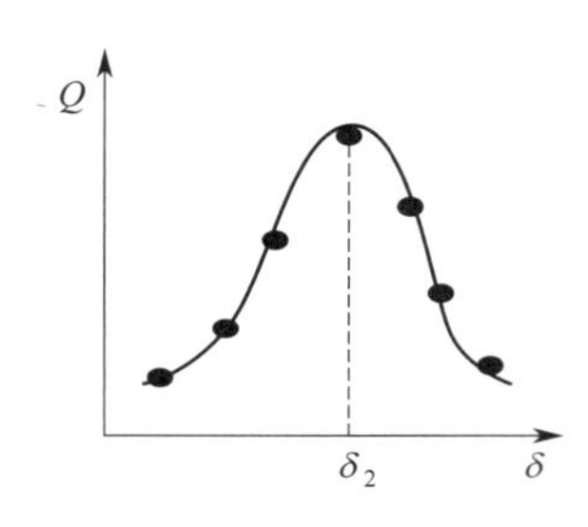

图 3-2　交联聚合物 Q 与溶剂 δ 关系

3.3.2　交联度的测量原理

在交联聚合物的溶胀过程中，自由能的变化由两部分组成：一部分是聚合物与溶剂的混合自由能 ΔF_m，另一部分是分子网的弹性自由能 ΔF_{el}，自由能变化可用下式表达：

$$\Delta F_m=\Delta F_m+\Delta F_{el} \tag{3-4}$$

处于溶胀平衡时，

$$\Delta F_M+\Delta F_{el}=0 \tag{3-5}$$

根据液体的晶格模型理论和橡胶交联网的高弹性统计理论，可导出溶胀比 Q 与有效链平均分子量 $\overline{M_C}$ 之间的关系：

$$\overline{M_C}=-\rho_2 V_1 \phi_2^{\frac{1}{3}}/[\ln(1-\phi_2)+\phi_2+\chi_1 \phi_2^2] \tag{3-6}$$

式中，ϕ_2 是聚合物在溶胀体中所占的体积分数，即溶胀比的导数（$\phi_2=1/Q$）；ρ_2 是聚合物溶胀前的密度；V_1 是溶剂的摩尔体积；χ_1 是表征高分子-溶剂之间相互作用的参数。如果 χ_1、ρ_2 和 V_1（或 ρ_1）是已知的，从测得的 Q，由式(3-6) 可计算出 $\overline{M_C}$。

有了 $\overline{M_C}$ 值后，又可以由式(3-6) 求出交联高分子与其他溶剂的相互作用参数 χ_1。因此，本实验也提供了一种测试 χ_1 的方法。

3.4　仪器与试剂

（1）仪器

天平，称重瓶，镊子，溶胀管，恒温槽。

（2）试剂

交联低密度聚乙烯，苯，三氯苯，对二甲苯，十氢萘。

3.5　实验步骤

① 取 4 个交联低密度聚乙烯试样，分别称得各试样的质量。

② 将称重后的试样分别置于四支溶胀管内，每管加入一种溶剂 15～30mL，盖紧塞子后，放入 70℃恒温槽内让其恒温溶胀。

③ 5～7 天后，溶胀过程基本上接近平衡态，取出溶胀体，用滤纸吸干表面吸附的溶剂，继续放入称量瓶进行溶胀。

④ 每隔 3h，用同样方法再称一次溶胀体的质量，直至溶胀体两次称重结果之差不超过 0.01g 为止，可认为到达了溶胀平衡状态。

3.6　数据记录与处理

（1）称重记录

序号	溶剂	溶胀前质量/g	溶胀后				平衡时溶胀体内溶剂质量
			称重 1/g	称重 2/g	称重 3/g	称重 4/g	

（2）溶胀比计算

从手册上查出聚乙烯的密度和各种溶剂的密度及溶度参数，由式(3-3）计算交联聚乙烯在各溶剂中的溶胀比。

（3）溶度参数求算

作出 Q-δ 图，求交联聚乙烯 Q_{max} 所对应的溶度参数。

（4）交联度求算

已知聚乙烯-苯之间的相互作用参数 $\chi_1=0.3$，根据式(3-6）计算交联聚乙烯的交联度。

（5）相互作用参数计算

假设所用的交联聚乙烯试样的$\overline{M_C}$ 都相同，由式(3-6）计算出聚乙烯与另外几种溶剂之间的相互作用参数。

思考题

① 溶度参数的物理意义是什么？高聚物为什么不能直接测溶度参数？

② 如何控制交联度？交联度对聚合物性能有何影响？

③ 平衡溶胀法能测得哪些参数？该方法什么局限性？

④ 交联高分子一定是热固性的吗？请查阅关于动态共价键在高分子交联材料中的应用方面的资料，简要叙述原理及材料特点。

实验4 聚合物结晶样品的制备及偏光显微镜观察聚合物的结晶形态

4.1 实验背景

结晶态是聚合物凝聚态结构的重要形式之一，聚合物的结晶形态是影响材料性能的重要结构参数，如光学透明性、冲击强度等均受到结晶形态的影响。在不同条件下，聚合物可以生成多种形态的晶体，如单晶、球晶和纤维晶等。由于晶体具有双折射效应，借助于偏光显微镜可以实现对聚合物结晶形态的观察。大多数聚合物制品通过熔体冷却加工成型，球晶是此种加工条件下最常见的结晶形态，球晶结构就成了直接影响制品性能的重要因素。因此，对聚合物球晶形态的研究具有重要的理论和实际意义。这种球晶形态在加入成核剂后还会呈现丰富的变化，对调节材料的性能具有重要价值。

4.2 实验目的

① 掌握偏光显微镜的结构、工作原理和使用方法。

② 学习用熔融法制备聚合物球晶样品。

③ 理解结晶条件对晶体形态的影响。

4.3 实验原理

4.3.1 偏光显微镜的结构与工作原理

光是一种电磁波，它的传播方向和振动方向所组成的平面叫振动面。自然光的振动面时刻在改变，偏振光则相对于传播方向以固定方式振动，由光源发出的自然光经过起偏器可以变为偏振光。当一束偏振光照射到聚合物晶体样品上时，由于晶体的双折射效应，会被分解为振动方向相互垂直的两束偏振光。这两束光中与检偏器振动方向平行的分量可以通过检偏器，而与检偏器垂直的分量则无法通过。因此，在正交偏光显微镜下观察试样，如果是各向同性的非晶体，则没有双折射现象发生，光线被正交偏光镜阻碍，视场是全黑的。如果是各向异性的结晶体，伴随着双折射现象的产生，部分光线会平行于检偏器的方向，形成可以观察到的光线，从而可实现对结晶形态的观察。

偏光显微镜是一种精密的光学仪器，由一套光学放大系统和两个偏振片组成，常见偏光显微镜的结构如图4-1所示。

4.3.2 聚合物的球晶结构

聚合物从浓溶液中析出或熔体冷却结晶时，倾向于生成比单晶复杂的多晶聚集体，通常呈球形，故称为“球晶”。球晶由具有折叠链结构的片晶组成，这些片晶厚度在10nm左右，从一个中心（晶核）向四面八方生长，发展成为一个球状聚集体。

在正交偏光显微镜下观察球晶时，呈现出球晶特有的黑十字消光图案（称为Maltase十字），如图4-2所示。黑十字消光图像是高聚物球晶的双折射性质和对称性的反映。分子链的取向排列使球晶在光学性质上是各向异性的，即在平行于分子链和垂直于分子链的方向上有不同的折射率。在球晶中由于晶片以径向发射状生长，分子链取向总是与径向相垂直，因此分子链的取向与起偏器和检偏器的偏振面相平行，正好形成正交

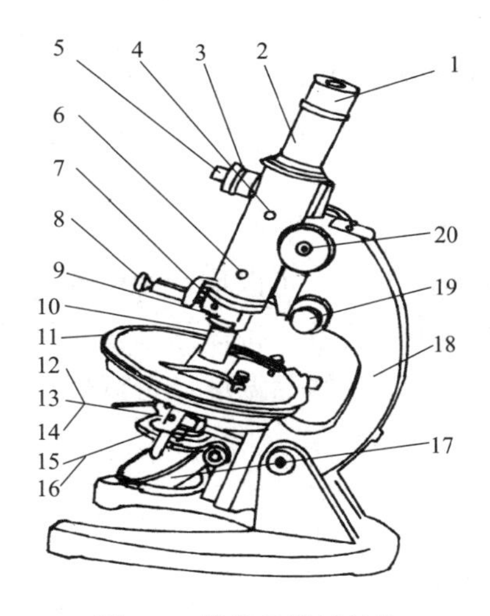

图 4-1　偏光显微镜结构

1—目镜；2—目镜筒；3—勃氏镜手轮；4—勃氏镜左右调节手轮；5—勃氏镜前后调节手轮；6—检偏镜；7—补偿器；8—物镜定位器；9—物镜座；10—物镜；11—旋转工作台；12—聚光镜；13—拉索透镜；14—可变光栏；15—起偏镜；16—滤色片；17—反射镜；18—镜架；19—微调手轮；20—粗调手轮

的黑十字消光图像。当样品在自己的平面内旋转，黑十字保持不动，这意味着所有的径向结构单元在结晶学上是等效的，因此球晶是具有等效径向单元的多晶体。

但是，偏光显微镜观察到的球晶形态并不完全是圆形，很多时候观察到的是一些不规则的多边形。这是由球晶生长过程造成的，不同球晶以各自的晶核为中心向外生长，当增长的球晶和相邻球晶相碰时，就会形成任意形状的边界。如果体系中晶核数目少，球晶不发生碰撞，球晶就可以长成很大的圆形形态，但是，大多数情况下，晶核数目很多，球晶就会呈现不规则的多边形。如果加入成核剂，聚合物的结晶形态会发生更丰富的变化。

此外，在有的情况下，还可看到一系列明暗相间的消光同心圆环，大多是球晶中的条状晶片周期性地扭转的结果，如图 4-3 所示。

图 4-2　聚乙二醇的球晶偏光显微镜照片

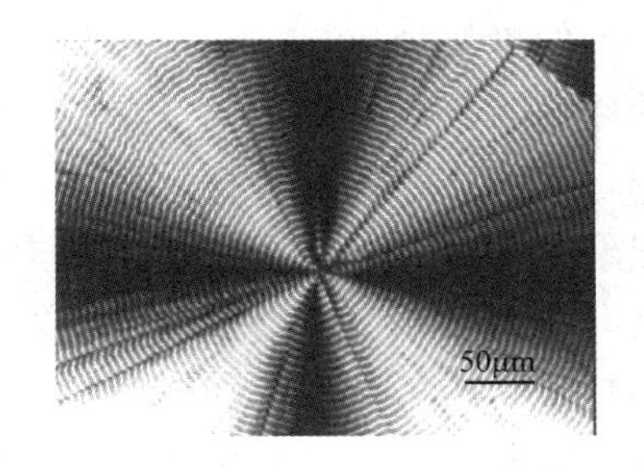

图 4-3　典型的消光同心圆环形态照片

4.3.3　测量粒径及其分布

通过目镜显微尺与载物台显微尺，可进行样品粒径的测定。方法是：在非正交偏光下，将此两显微尺平行排列，并使其零点重合，看两者刻度数的关系。因载物台显微尺为 1mm 分成 100 格，每格为 10μm，若目镜分度尺 50 格与载物台显微尺 10 格相等，则目镜分度尺每格相当于 2μm。测得待测晶粒在目镜显微尺上的格数，即可计算出粒径大小。测量一定数量颗粒的粒径值，可分析粒径的分布。

此外，通过显微镜的分析软件分析结晶图像，可以更方便地实现晶体尺寸的测量，具体可参考各仪器使用说明。

4.3.4 径向生长速率的测定

借助于控温热台，在适宜的温度下，可以原位观察聚合结晶过程，动态记录成核过程与生长过程，获得晶体尺寸与时间的关系。将球晶直径与结晶与时间对应关系作图，可以实现径向生长速率的测定。进一步改变结晶温度，可以研究结晶速率与温度的关系规律。

4.4 仪器与试剂

(1) 仪器

偏光显微镜，附件一盒，擦镜纸，镊子，载玻片，盖玻片若干块，控温热台。

(2) 试剂

聚乙烯，聚乙二醇。

4.5 实验步骤

4.5.1 聚合物试样的制备

用于偏光显微镜观察的聚合物样品可以通过以下多种途径获得。

(1) 熔融法制备聚合物样品

首先，将聚合物放在已洗干净的两盖玻片之间，在控温热台上（一般比 T_m 高 30℃）熔融 5min。本实验制备聚乙烯（PE）和聚乙二醇（PEG）结晶样品时，分别在 180℃和 90℃熔融 5min，然后压上砝码，轻压试样并排去气泡。

然后，选择在低于熔点的温度恒温一定时间使聚合物充分结晶，再自然冷却至室温。制备聚乙烯（PE）球晶时，可在 180℃熔融 5min，然后在 80～110℃保温 30min，不同保温温度下所得的球晶形态是不同的。

为获得不同结晶形态的样品，还可以通过加入成核剂控制结晶尺寸及形态特征。可选择常见的聚烯烃成核剂，采用与均聚物相同的方法制备结晶样品，观察成核剂对结晶形态的影响。

(2) 溶液法制备聚合物样品

把聚合物溶解在一定量的溶剂中，配成浓度较稀的溶液。取 1～2 滴液体，滴在盖玻片上，在培养皿中使溶剂缓慢挥发，得到结晶样品。

(3) 切片法制备聚合物样品

对已结晶样品，可采用切片机切至厚度为 10μm 左右的薄片，放于载玻片上，用盖玻片盖好后进行观察。对于表面凹凸不平产生的分散光，可滴加少量与聚合物折射率相近的液体消除。

4.5.2 偏光显微镜调节

(1) 物镜中心调节

为保证显微镜正常工作，载物台旋转轴、物镜中轴和镜筒中轴应当严格地在一条直线上，此时旋转物台、视域中心（十字丝交点）的物像不动，其余物像则绕视域中心做圆周运动。由于偏光显微镜的镜筒中轴和物台旋转轴是固定的，只需校正物镜中轴使之与物台旋转轴重合即可。可在载物台上放一透明薄片，调节焦距，在薄片上找一小黑点移至目镜十字线中心 O 处，此时旋转载物台，不论载物台如何转动，黑点始终保持原位不动，说明物镜中心与载物台中心一致；如黑点离开十字线中心，如图 4-4 所示，则可通过转动物镜上的中心校正螺丝，实现中心校正。

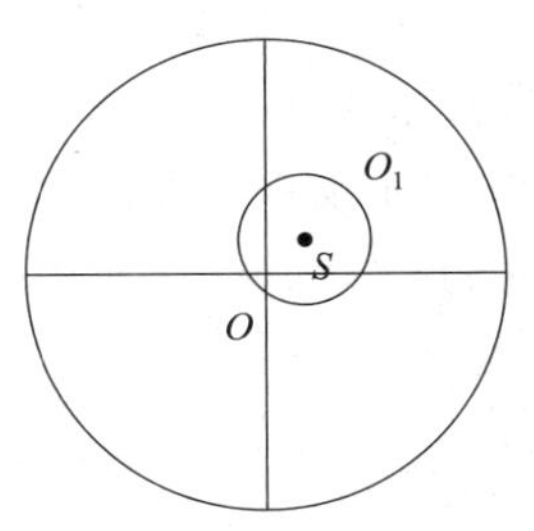

图 4-4　显微镜物镜中心的调节

（2）正交偏光的校正

要使偏光显微镜清楚地观察结晶形态，须使其处于正交偏光状态，也就是偏光镜的起偏器与检偏器垂直。将检偏器插件推入光路，转动起偏镜来调节正交偏光。此时，目镜中无光通过，视野全黑。

（3）焦距的调节

将试样置于载物台，可通过调节 XY 旋钮，使其处于中心位置。再转动粗调手轮将镜筒下降使物镜靠近试样，然后在观察试样的同时慢慢上升镜筒，直至看清物体的像，再微调焦距使物体的像最清晰。

4.5.3　聚合物聚集态结构的观察

① 把待测聚乙二醇、聚乙烯样品置于载物台，调节焦距，观察消光黑十字及消光同心圆环。

② 将聚乙二醇样品在 90℃熔融，置于 35℃恒温热台，每隔 5s 拍照，记录球晶尺寸与结晶时间。

4.6　数据记录与处理

① 采用显微成像系统拍摄不同材料在不同结晶条件下生成的球晶照片，分析黑十字或消光环现象。

样品种类	结晶条件	晶体照片	形态特征及分析

② 测量球晶直径与结晶时间，计算球晶的径向生长速率。

结晶时间/s	0	5	10	15	20	25	30	35	40
球晶直径/μm									

思考题

① 聚合物结晶温度对结晶形态有何影响？

② 解释出现黑十字和一系列同心圆环的结晶光学原理。

③ 在实际生产中如何控制晶体的形态？

④ 聚1-丁烯是一种具有多晶型结构的材料，但是β晶型可以向α晶型转化，那么转化后生成的α晶型与直接生成的α晶型在形态上会有怎样的差别？会对材料性能造成怎样的影响？查阅文献，了解这种材料在实践中是如何实现晶型结构与晶体形态控制的。

实验 5　密度法测量聚合物的结晶度

5.1　实验背景

聚合物很难达到100%结晶的程度，因此常采用结晶度衡量结晶部分的含量。结晶度是影响聚合物力学性能、透明性以及其他性能的重要结构参数，对于讨论结晶高分子结构与性能关系非常重要。聚合物结晶度的测量有密度法、X射线衍射法、红外光谱法等，本书主要介绍前两种方法。

5.2　实验目的

① 学习密度法测定聚合物结晶度的原理和方法。

② 掌握比重仪的工作原理及使用方法。

③ 学会测定聚合物材料的结晶度。

5.3　实验原理

5.3.1　结晶度与密度

结晶聚合物含有晶区与非晶区，二者分子链排列的有序状态不同，其密度就不同。其中晶区分子链有序程度高，分子链堆积紧密，聚合物密度大。相反，非晶区密度小。如果采用两相结构模型，即假定结晶聚合物由晶区和非晶区两部分组成，且聚合物晶区密度（ρ_c）与非晶区密度（ρ_a）具有线性加和性，则：

$$\rho = f_c^V \rho_c + (1 - f_c^V)\rho_a \tag{5-1}$$

进而可得：

$$f_c^V = \frac{\rho - \rho_a}{\rho_c - \rho_a} \tag{5-2}$$

假定晶区和非晶区的比体积具有加和性，则：

$$V = f_c^W V_c + (1 - f_c^W) V_a \tag{5-3}$$

得：

$$f_c^m = \frac{V_a - V}{V_a - V_c} = \frac{\dfrac{1}{\rho_a} - \dfrac{1}{\rho}}{\dfrac{1}{\rho_a} - \dfrac{1}{\rho_c}} \tag{5-4}$$

式中，ρ、ρ_c、ρ_a 分别是聚合物、晶区和非晶区的密度；V、V_c、V_a 分别是聚合物、晶区和非晶区的比体积；f_c^V 为用体积分数表示的结晶度；f_c^m 为用质量分数表示的结晶度。

由式(5-2) 和式(5-4) 可知，若已知聚合物试样完全结晶体的密度 ρ_c 和聚合物试样完全非结晶体的密度 ρ_a，只要测定聚合物试样的密度 ρ，即可求得其结晶度。

5.3.2　密度的测量

本实验采用电子密度仪，通过浮力与密度计算公式变换成等式。首先利用电子密度计测得待测样品在空气中的质量（m_1）和在水中的质量（m_2），并计算出 $m_1 - m_2$ 值，通过$V_{样品}=V_{排水}$建立等式，即可计算出样品的密度值：$\rho=m_1\rho_{液}/(m_1-m_2)$。本实验采用这种方法来测定聚丙烯的密度。

5.4 仪器与试剂

（1）仪器

电子密度仪。

（2）试剂

酒精，聚丙烯。

5.5 实验步骤

① 采用不同的热历史，获得具有不同结晶度的聚丙烯样品，将待测试样充分干燥备用。

② 按“模式”键，使其处于液体工作模式，使液晶屏显示图 5-1 状态。

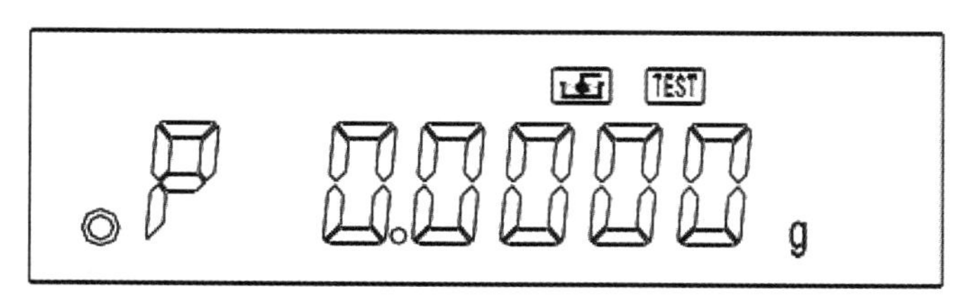

图 5-1 电子密度计的工作模式

③ 将介质（常用纯水或无水酒精），本实验采用酒精，倒入玻璃杯中，液面应与玻璃杯口有适当距离为好，并放置在工作平台上。

④ 将双秤盘挂在仪器吊钩上［图 5-2(a)］，双秤盘的下秤盘浸没在盛有液体介质的大玻璃杯中，按“去皮”键，仪器显示“0.0000g”。

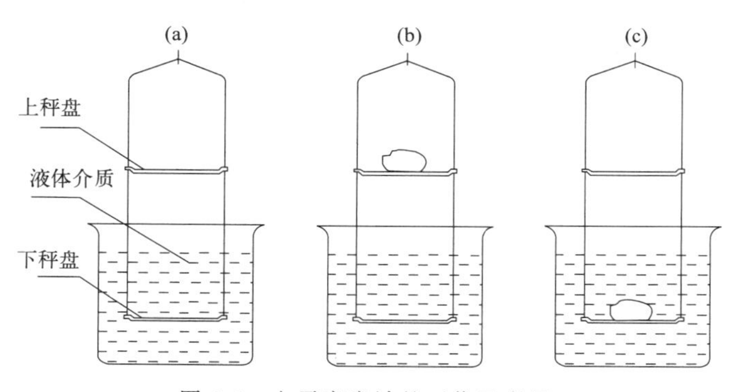

图 5-2 电子密度计的工作示意图

⑤ 将被测试样放在上秤盘上［图 5-2(b)］，这时液晶屏会显示该试样的质量。待数值稳定后按一下“测试”键，此时屏幕上显示的“P”变成“F”。

⑥ 轻轻取下试样再小心放入浸没在介质中的下秤盘上［保证试样完全浸没在介质中，见图 5-2(c)］，待数值稳定后再按一下“测试”键。这时液晶屏显示的就是该试样

的密度。

⑦ 更换聚丙烯样品，保证每种样品不少于 3 个，取平均值。

5.6　数据记录与处理

记录样品的密度，根据附录三查出聚丙烯完全结晶体的密度和完全非结晶体的密度，并按式(5-2) 和式(5-4) 计算聚丙烯的结晶度。

思考题

① 聚丙烯材料的结晶度与力学性能之间有怎样的关系?

② 查阅相关资料了解聚丙烯有哪些常见牌号，讨论不同牌号之间密度与结晶度有怎样的差异。

实验6　X射线衍射法研究聚合物的结晶度与结晶结构

6.1　实验背景

X射线是由德国科学家伦琴（Wilhelm Conrad Röntgen）于1895年在研究阴极射线时发现的，它具有很强的穿透性。后来，劳厄（Max. von Laue）在1912年发现，X射线在照射晶体时产生了衍射现象，这说明X射线本质上是一种电磁波。通常将波长在10^{-3}～10nm之间的电磁波称为X射线，由于它与晶体中原子间距离为同一数量级，非常有利于晶体结构研究。紧接着，英国科学家小布拉格（William Lawrence Bragg，1890—1971）在劳厄的发现基础上开创了X射线晶体学，而他的父亲布拉格（William Henry Bragg，1862—1942）又在X射线晶体学的基础上开创了晶体X射线光谱学。从此，人们可以利用X射线衍射测定晶体的结构，打开了人类探索微观世界结构的大门。

日常生活中应用的高分子大多数都是结晶性高分子，受到高分子长链结构的影响，结晶高分子难以100%结晶，因此，结晶高分子中包含了结晶区和非晶区，具有一定的结晶度。此外，在晶区内部分子链排布也是复杂多样的，这些复杂的结晶结构影响着高分子材料的性能。因此，研究结晶高分子的晶体结构是非常必要的。本实验将讨论X射线衍射法在研究高分子结晶结构方面的应用。

拓展阅读

1-4
意外发现的伦琴射线

6.2　实验目的

① 掌握X射线衍射仪的构造和工作原理。
② 学习X射线衍射仪的基本操作与使用方法。
③ 学习聚合物的X射线衍射测试方法。
④ 掌握用Jade计算聚合物结晶度和晶粒大小的方法。

6.3　实验原理

6.3.1　X射线衍射基本原理

高速电子轰击金属靶时，与金属靶相互作用便会产生X射线。当晶体被单色X射线照射时，排列有序的原子中电子和原子核便成了新的发射源，向各个方向发射X射线，以不同的原子作为发射源发射的X射线在满足一定条件时可以相互干涉，从而在某些特殊的方向上产生强的X射线，这种现象称为X射线衍射。

晶体材料内部原子的排列具有周期性，如图6-1所示。一个晶体结构可以看成是一些晶面按一定的距离d平行排列而成，也可看成是另一些晶面按另一距离d'平行排列而成。所以每一种晶体必定存在着一组特定的d值，不同的晶体具有一系列不同的d值。因此，当一束单色X射线照射不同晶体时，会产生不同的衍射花样，这些衍射花样可以用晶面间距d和衍射强度来表示。其中晶面间距d与晶胞的大小和形状有关，衍射强度则与晶胞中所含原子的种类、数目及其在晶胞中的位置有关。

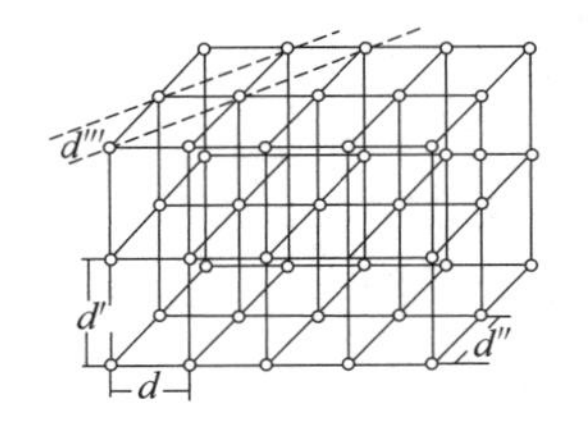

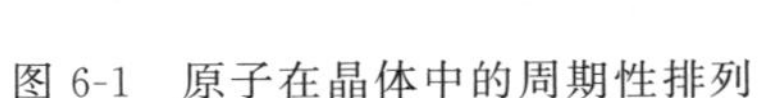
图 6-1　原子在晶体中的周期性排列

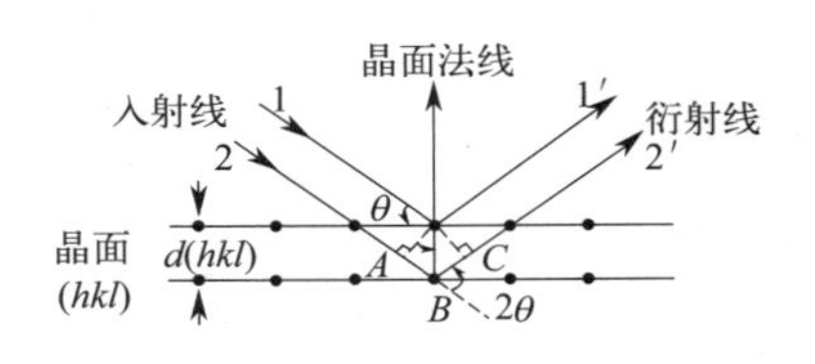

图 6-2　原子面对 X 射线的衍射

解析晶体结构的方法有很多，包括布拉格定律、晶体学对称、群论以及从实空间到倒易空间的傅里叶变换等等，这里主要讨论常用的布拉格定律。假定晶体中某一方向上的晶面距离为 d，波长为 λ 的 X 射线以夹角 θ 射入晶体（图 6-2）。在相邻的两个晶面上散射出来的 X 射线有光程差，当光程差等于入射波长的整数倍，且不发生系统消光现象时，就能产生被加强了的衍射线，即：

$$2d\sin\theta = n\lambda \tag{6-1}$$

这就是布拉格（Bragg）公式，式中 n 是整数。X 射线的波长是已知的，夹角 θ 可以在实验中测量出来，这样晶面间距 d 可以被计算出来。

聚合物结晶多为多晶样品，当 X 射线照到多晶样品时，样品中晶面间距为 d 的晶面（hkl）与入射线成 θ 角，并满足布拉格公式(6-1)，则这个晶面使入射 X 射线发生衍射。这时的衍射线方向与晶面成 θ，衍射线与入射线的延长线成 2θ 角（衍射角）。由于多晶样品不同晶面间距具有不同的 d 值，对于不同 d 值的晶面间距，存在不同的 θ 角能满足布拉格方程，从而产生一系列被加强的衍射线。本实验采用 X 射线衍射仪，直接测定和记录晶体所产生的衍射线的方向（θ）和强度（I），衍射仪的辐射探测器计数管绕样品扫描一周，就可以依次将各个衍射峰记录下来，从而获得一张 X 射线衍射谱图。使用该衍射谱图可以进行晶体结构分析，计算出结晶度、结晶取向、结晶粒度、晶胞参数等。

6.3.2　X 射线衍射仪的构造和工作原理

X 射线衍射仪主要由 X 射线发生器——产生 X 射线的装置；测角仪——测量角度 2θ 的装置；X 射线探测器——测量 X 射线强度的计数（记录）装置；X 射线系统控制装置——由数据采集系统、各种电气系统和保护系统组成。

6.3.2.1　X 射线发生器

X 射线发生器由 X 射线管、高压发生器、管压和管流稳定电路等组成。X 射线管主要分密闭式和转靶式两种。广泛使用的是密闭式，功率大部分在 1～2kW。转靶式的功率比密闭式大许多倍，是为获得高强度 X 射线而设计的，一般功率在 10kW 以上，目前常用的有 9kW、12kW 和 18kW。常用的 X 射线靶材有 Cu、W、Fe、Ag、Co、Mo、Ni、Cr 等。不同的靶材产生的 X 射线的波长不同，其中最常用的阳极靶材为 Cu。X 射线管线焦点为 $1\times10\mathrm{mm}^2$，取出角为 3°～6°。

6.3.2.2　测角仪

测角仪是粉末 X 射线衍射仪的核心部件，结构如图 6-3 所示，主要包括入射狭缝光阑、接收狭缝光阑、角度测量系统、样品座及闪烁探测器等。

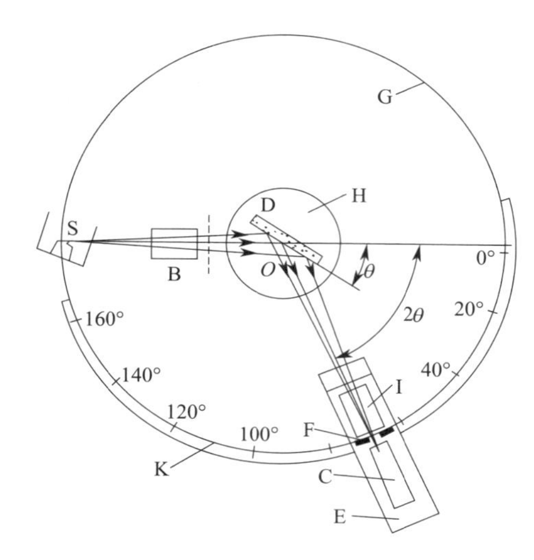

图 6-3　测角仪结构

G—测角仪圆；S—X 射线源；B—入射狭缝光阑；D—试样；H—样品台；I—索拉狭缝；F—接收狭缝光阑；C—计数管；E—支架；K—刻度尺

样品台（H）与测角仪圆（G）同轴；光源（S）与 O 轴平行；接收狭缝光阑（F）与计数管（C）共同安装在可围绕 O 轴转动的支架上；入射狭缝光阑（B）主要限制入射线的垂直（方向）与水平（方向）发散度；接受狭缝光阑主要限制衍射线的垂直（方向）与水平（方向）发散度；光源（S）发出的具有一定发散度的 X 射线经入射狭缝光阑（B）照射到试样（D）上，产生的衍射线在接收狭缝光阑（F）处聚焦，然后进入计数管（C）。

6.3.2.3　X 射线探测器

闪烁探测器（SC）是 X 射线衍射仪中常用的探测器，其原理为，其内部的碘化钠单晶体被 X 射线照射后会产生波长在可见光范围内的荧光，这种荧光再转换为能够测量的电流。由于输出的电流和计数器吸收的 X 光子能量成正比，因此可以用来测量衍射线的强度。衍射实验过程中，样品与探测器以 1∶2 的角速度比转动，以保证探测器正好接收到样品衍射出来的 X 射线；连续扫描过程中，一旦某个 2θ 角度（探测器所处的角度）满足布拉格方程，样品将产生被加强的衍射线并被探测器所接收而转换成电脉冲信号，经放大处理后通过计算机绘制成衍射图谱。

通常的探测器也称为点探测器，在任何时刻只能接收一个 2θ 角度的衍射。现代衍射仪通常配置一维或二维阵列探测器，在任何时刻可同时接收多个 2θ 角的衍射，其探测强度可提高 100 倍以上，使用这种探测器后，通常需要测量一个小时的样品只需要几分钟就可以完成。

6.3.2.4　X 射线系统控制装置

通过 X 射线管发出单色 X 射线照射到样品上，所产生的衍射线用 X 射线探测器接收，经检测电路放大处理后在显示或记录装置上给出精确的衍射数据和谱线。这些衍射信息可作为各种 X 射线衍射分析应用的原始数据，得到晶体结构的相关信息。数据分析处理包括平滑点的选择、背底扣除、自动寻峰、d 值计算以及衍射峰强度计算等。

6.3.3　X 射线衍射实验方法

X 射线衍射实验方法包括样品制备、实验参数选择和样品测试。

6.3.3.1　样品制备

在衍射仪中，通常有两种样品板，一种为带有凹槽的玻璃片（用于粉末样品的测试）；一种为带有窗孔的铝制样品板（用于块状样品的测试）。

粉末样品要求研磨并过 300 目的筛子，将研磨好的细粉填入凹槽，并用平整的玻璃板将其压紧，保证样品的表面与样品板的表面平齐即可。

块状样品要将其锯成窗孔大小，磨平其中一面，再用橡皮泥将其固定在窗孔内。保证其平面与样品板的表面平齐。对于片状、纤维状或薄膜样品也可采用同样的方法。但固定在窗孔内的样品其平整表面必须与样品板表面平齐。

6.3.3.2　参数的设置

测量参数的设置主要包括起始角和结束角的设置；扫描方式的设置（包括扫描速度、步长、停留时间）；管电压和电流的设置。管电压和电流由设备的性能决定，通常不变，在此不再累述。

（1）起始角和结束角的设置

实验前，应查阅标准谱图数据库，估计样品中可能物相的衍射峰的角度范围，设置合理的起始角和结束角。起始角一般设置为 5°或 10°，也可以更大一些，但应保证不遗漏最低角衍射峰，即开始的角度应小于物相最大晶面间距的衍射峰的衍射角。不同衍射仪允许的最大结束角不同，一般为 145°，但是高角度衍射峰因为强度低，在一般测量中没有实用价值，所以结束角通常设置为 80°或 90°。

（2）扫描方式的设置

衍射仪扫描方式有两种，分别为连续扫描法和步进扫描法。连续扫描时，试样和探测器按 1∶2 的角速度比转动。在转动过程中，探测器不间断地测量 X 射线的强度，不同角度的衍射线依次被接收。这种扫描方式的优点是速度快、效率高。例如：扫描速度为每 6°（2θ）/min，扫描范围为 10°～70°的衍射图 10min 即可完成，非常适合一般的物相鉴定工作。

步进扫描时，试样和 X 射线探测器同样按 1∶2 的角速度比转动，但是试样每转动一定的 $\Delta\theta$ 就停止，然后测量记录系统（探测器）一个固定时间内（即停留时间）的总计数（或计数率），并将此总计数转换成计数率用记录仪记录。然后试样再转动一定的 $\Delta\theta$ 再进行测量。如此一步步进行下去，完成衍射图的扫描。这种扫描方式的优点是得到的衍射谱图质量高，适合进行点阵常数计算和结构精修等复杂的工作，缺点是扫描时间较长。

用计算机进行衍射数据采集时，可选连续扫描方式，也可以选步进扫描方式。需要注意的是这两种方式都要选择适当“步长”。现代衍射仪最常用的步长一般为 0.01°或 0.02°。

6.3.4　结晶聚合物分析

结晶聚合物内部通常由晶区和非晶区组成。晶区部分的衍射只发生在特定的 θ 角方向上，而且衍射强度高，在衍射图谱上表现为很尖锐的衍射峰，其衍射峰位置由晶面距

d 决定；非晶区部分会在全部角度内散射，而且散射强度低，在衍射谱图上表现为一个“馒头峰”。把整个衍射峰分解为晶区和非晶区两部分，晶区峰面积与总面积之比就是结晶度 f_c。

$$f_c = \frac{I_c}{I_0} = \frac{I_c}{I_c + I_a} \tag{6-2}$$

式中，I_c 为结晶衍射的积分强度；I_a 为非晶散射的积分强度；I_0 为总强度。

聚合物一般为多晶体，而且晶粒较小，当晶粒小于 10nm 时，产生的 X 射线衍射峰就开始弥散变宽，衍射峰会随着晶粒的变小逐渐变宽，晶粒大小和衍射峰宽度间的关系可由谢乐（Scherrer）公式计算：

$$L_{hkl} = \frac{K\lambda}{\beta_{hkl}\cos\theta_{hkl}} \tag{6-3}$$

式中，L_{hkl} 为晶粒垂直于晶面 hkl 方向的平均尺寸，称为晶粒度，nm；β_{hkl} 为该晶面衍射峰的半峰高的宽度，为弧度；K 为常数（0.89～1），其值取决于结晶形状，通常取 1；θ_{hkl} 为衍射角。根据此式，即可算出晶粒大小。

6.4 设备与材料

（1）设备

X 射线衍射仪一台，铜靶、波长 $\lambda = 0.15405$nm；数据分析软件 Jade 6.5。

（2）材料

不同结晶条件获得的聚丙烯。

6.5 实验步骤

6.5.1 样品制备

本实验需提前制备以下四种不同结晶结构的聚丙烯样品：

① 将等规聚丙烯在平板硫化仪上热压成型，其条件为：温度 230℃，厚度 1～2mm，然后放入冰水浴中淬火，得第一种样品。

② 取第一种样品中的部分样品放入温度为 160℃烘箱中，保温 30min，取出得第二种样品。

③ 取第二种样品中的部分样品放入 100℃的烘箱中，保温 30min，取出得第三种样品。

④ 将等规聚丙烯粉末在平板硫化仪上热压成型，其条件为：温度 230℃，厚度 1～2mm，然后保温 30min 后，以 10℃/min 的速度冷却，得第四种样品。

6.5.2 衍射仪操作

① 开机操作。打开稳压电源，开启衍射仪总电源，开启真空系统和循环水系统，真空达标后，开启 X 射线，初始光管功率为 20kV×10mA，对光管进行老化操作，该步骤由设备管理员完成。

② 打开 Right Measurement 程序，设置样品名称和数据保存路径；设置测量条件，主要包括起始角和结束角的设置、扫描方式的设置等。对本次实验来说，我们设置起始

角为5°，结束角为40°；扫描速度为4°/min，步长为0.02°；扫描方式为连续扫描。

③ 放样品操作。按下衍射仪前面板上黄色的DOOR按钮，看到指示灯亮，听到报警声后，向右侧拉开衍射仪的右防护门，将准备好的试样插入衍射仪样品架，盖上顶盖，关闭防护门。

④ 单击Execute measurement按钮开始测量；测量过程为全自动进行。测量结束后，得到的数据文件即X射线衍射谱图，会自动保存。如果有多个样品需要测量，重复②～④步。

⑤ 测量完毕。缓慢顺序降低管电流、电压至最小值，关闭X光管电源，取出试样。15min后关闭循环水泵。关闭衍射仪总电源、稳压电源及线路总电源。

6.6 数据记录与处理

本实验要求测量不同结晶条件的等规聚丙烯样品的衍射谱图，使用软件Jade对谱图做如下处理。

（1）图谱拟合

图谱拟合的意义就是把测量的衍射曲线表示为一种函数形式。在做许多晶体结构分析工作前都要经过图谱拟合的步骤。具体步骤为：

打开Jade软件，读入聚丙烯的衍射谱图，对谱图进行平滑、扣背底、寻峰操作。该步骤需要注意的是，扣背底时有三种背底曲线可以选择，要根据衍射谱图的形状选择合适的背底曲线；自动寻峰如果出现误判，可以手动增加或删除峰。

寻峰结束后进行图谱拟合。图谱拟合分为手动拟合和全谱自动拟合。由于聚丙烯的X射线衍射谱图比较简单，本实验采用全谱自动拟合。点击拟合按键自动拟合，拟合过程中软件会显示误差因子R，R越小，拟合结果越好，一般情况下R要小于5%。可以反复拟合多次，直到R值不再变化。这一步需要注意的是Jade提供了两种拟合函数以适应不同形状的X射线衍射谱图。在拟合的过程中要尝试选择不同的拟合函数进行拟合，以得到最好的拟合结果。拟合完成后，会得到如图6-4所示的结果。

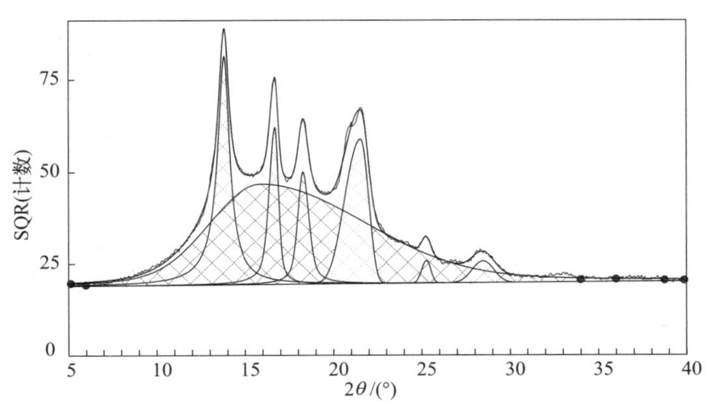

图6-4 聚丙烯衍射谱图拟合结果

（2）结晶度和晶粒度的计算

软件Jade会自动标出结晶峰和非晶峰（软件会把半高宽大于3°的衍射峰标为非晶

峰)；给出各个衍射峰的半高宽；通过结晶度计算公式(6-2) 和谢乐公式(6-3) 计算出结晶度和晶粒度。具体查看方式为单击菜单栏 report→peak profile report，就可以查看结晶度和垂直于各个晶面方向的晶粒的厚度（晶粒度)，如图 6-5 所示。重复完成不同条件下得到的聚丙烯样品的结晶度和晶粒度的计算，讨论不同结晶条件对结晶度、晶粒大小的影响。

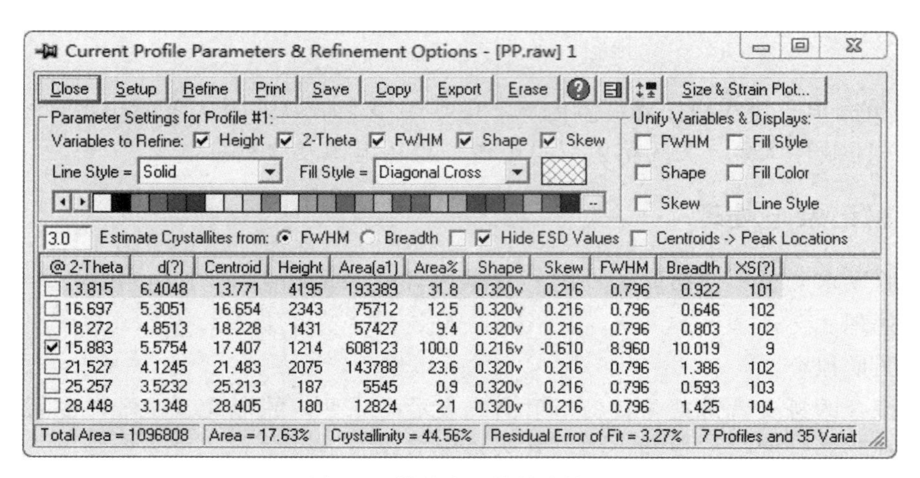

图 6-5　结晶度和晶粒度结果

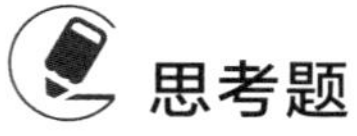

思考题

① X 射线在晶体上产生衍射的条件是什么?

② 除了 X 射线衍射法外，还可以使用哪些手段来测定高聚物的结晶度? 简述其原理。

③ 影响聚合物结晶度的主要因素有哪些?

④ X 射线衍射曲线是研究晶体结构的有力工具，除了实验讨论的结晶度，请查阅文献，举例说明它在晶型结构研究中的应用。

实验 7　扫描电镜观察共混物的微观结构

7.1　实验背景

扫描电子显微镜（SEM）是以电子束作为照明源，把聚焦得很细的电子束以光栅状扫描方式照射到试样上，产生各种与试样性质有关的信息，然后加以收集和处理，从而获得微观形貌放大像。近些年，扫描电子显微镜发展迅速，在对样品进行形貌观察的同时，还可获得晶体方位和化学成分等方面的信息，在材料科学、物理、化工、生物、医学及冶金矿产等领域广泛应用。扫描电子显微镜的快速发展与应用，取决于其一系列特点，主要包括：仪器分辨能力较高，新式扫描电子显微镜的分辨率可达 1nm 以下；仪器放大倍数大，可达 100 万倍，图像景深大，可直接观察起伏较大的粗糙表面，如聚合物的断口；试样制备简单，无论是块状样品还是粉末样品，无论是导电的样品还是不导电的样品，均可观察；可做综合分析，扫描电子显微镜安装波长色散 X 射线谱仪（WDS）（简称波谱仪）或能量色散 X 射线谱仪（EDS）（简称能谱仪）后，在观察形貌图像的同时，可对试样微区进行元素分析。因此，SEM 已成为表面形貌、微区化学成分和超微尺寸材料结构研究的有力工具。

7.2　实验目的

① 了解扫描电镜的构造及工作原理；

② 学习扫描电镜的样品制备方法和图像观察方法；

③ 通过对聚合物及其共混物的观察与分析，理解扫描电镜在聚合物中的应用。

7.3　实验原理

7.3.1　扫描电子显微镜的工作原理

扫描电镜的光源为电子束，它是由电子枪产生的，经阳极光阑聚焦后，在加速电压作用下，经过电磁透镜的会聚，电子束被会聚成一个很细的电子束照射到样品表面，然后电子束在扫描线圈的作用下在样品表面扫描。由于电子束与样品的相互作用会产生各种信号：二次电子、背散射电子、吸收电子、X 射线、俄歇电子、阴极发光和透射电子等，这些信号的强度随样品表面特征而改变，并被相应的探测器接收，经放大调制后送到显像管荧光屏上。即电子束打到样品上一点时，在显像管荧光屏上就出现一个亮点。扫描电镜就是采用逐点成像的方法，把样品表面的特征逐点转换为图像信号，从而在显示器上观察到样品表面的各种特征图像。扫描电镜最常使用的是二次电子信号、背散射电子信号和 X 射线信号，二次电子信号用于显示表面形貌衬度，背散射电子信号用于显示原子序数衬度，X 射线信号用于元素的定性和定量分析。

7.3.2　扫描电子显微镜的构造

扫描电子显微镜的核心是电子光学系统和信号收集及图像显示系统，另外为了保证电镜的正常运行，还配备有真空系统和电源系统，如图 7-1 所示。

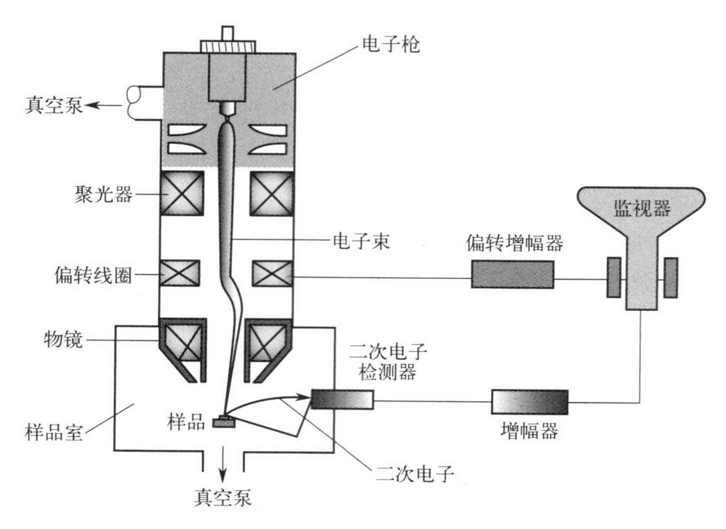

图 7-1 扫描电镜主机构造示意图

7.3.2.1 电子光学系统

电子光学系统主要由电子枪、电磁透镜、扫描线圈、光阑和消像散器等部件构成。常用的电子枪主要有三种：钨灯丝电子枪、六硼化镧电子枪和场发射电子枪。前两种的分辨率较低，成本也较低；后一种亮度高、电子束直径小、分辨率高，成本也较高，目前被广泛使用。其中场发射电子枪又分为热场和冷场两种，其中热场的综合分析能力更强，冷场的分辨率更高。电磁透镜的功能是把电子枪产生的束斑逐级聚焦缩小，因照射到样品上的电子束斑越小，其分辨率越高。光阑的作用是降低电子束的发散程度；消像散器的作用是为了消除像散。扫描线圈的作用是控制电子束在样品表面逐点扫描。

7.3.2.2 信号收集及图像显示系统

信号收集及图像显示系统主要由各种信号探测器（主要为二次电子探测器、背散射电子探测器、X 射线探测器）、前置放大器和显示装置构成，其中各种信号探测器通常安装在样品室中。其作用是接收样品在入射电子作用下产生的各种信号，经放大和调制，最后在显示器上得到反映样品表面特征或成分的图像。

7.3.2.3 真空系统

镜筒和样品室处于高真空下，场发射扫描电镜真空系统包括机械泵、涡轮分子泵和离子泵三级真空系统。电镜在待机和使用状态下镜筒和样品室均处于高真空状态下，只有在更换样品时才卸掉样品室真空；更换灯丝时卸掉镜筒的真空。

7.3.2.4 电源系统

由稳压、稳流及相应的安全保护电路所组成，提供扫描电镜各部分所需要的电源。

7.3.3 扫描电子显微镜的实验方法

扫描电子显微镜的实验方法包括样品制备、测试条件的设置和图像的观察。

7.3.3.1 样品制备的方法

样品制备简单是扫描电镜的优点，对于导电的样品通常不需要做任何处理，可直接进行观察。对于不导电的样品，观察前需在表面喷镀一层导电金属或碳，金属通常为白金或黄金，其中白金的镀膜颗粒较小，适合大倍率观察，黄金的镀膜颗粒较大，适合低倍率观察。需要注意的是金属镀膜对成分分析有一定的影响，如果样品侧重于成分分析，可以采用喷碳来处理。镀膜厚度一般控制在5～10nm，镀膜太厚会掩盖样品真实的表面形貌。

7.3.3.2　测试条件的设置

扫描电镜测试中需要设置的测试条件主要有：加速电压、束流、工作距离。其中加速电压和束流主要影响的是信号产生，工作距离主要影响的是信号接收。

加速电压的范围一般为0～30kV，较高的加速电压会提升电子束发射亮度，产生更多的信号，有利于我们获取样品高分辨像；但高的加速电压同时也会导致样品信息溢出区域的扩大和信号深度的增加，不利于我们获取样品表面的真实形貌和高分辨像。反之也是如此。实验中要根据样品的实际情况选择合适的加速电压。对聚合物来说，由于荷电效应、不耐电子轰击、密度小、样品信息溢出区域大等原因，通常选择较低的加速电压。

理论上，束流越大，电子束斑的直径越大，图像的分辨率越差；束流越小，电子束斑的直径越小，图像的分辨率越好。但是小的束流会降低样品的信号量，很难形成高质量表面形貌像。在实际应用中要根据样品的特性灵活选择。对聚合物来说，由于不耐电子轰击和荷电效应，应选择较小的束流。另外，做能谱分析时，信号量是影响其数据准确的主要因素，应选择使用较大的束流。

工作距离指的是物镜下极靴到样品表面的距离。一般范围为几毫米到几十毫米之间。工作距离越小，越有利于镜筒内探头对样品信息的获取，有利于展现10nm以下的细节，但低倍时图像效果差，信息类型较为单一；大工作距离有利于样品室探头对样品表面信息的接收，同时也能兼顾镜筒内探头接收样品信息，这将使获取的形貌像内容更加充实，图像的立体感更强，但大工作距离测试的缺点是镜筒探头接收效果不佳，10nm以下细节质量较差。实验中，应根据样品微观结构的尺寸和所需的放大倍率，选择合适的工作距离。

7.3.3.3　图像观察

扫描电子显微镜图像观察主要为二次电子像（即表面形貌衬度像）和背散射电子像（即原子序数衬度像）。

二次电子是高能入射电子与试样表面原子核外电子发生非弹性散射作用时，入射电子将能量传递给核外电子，使其获得充足的能量而脱离原子核的束缚而逃逸出来的核外电子。由于能量较低，该部分电子通常来自样品表面层5～10nm，因此，二次电子像反映的是样品表面形貌衬度。二次电子像的特点是分辨率较高，目前场发射电子枪的二次电子像的分辨率可以达到0.8nm，钨灯丝电子枪二次电子像的分辨率可以达到3nm。

二次电子像几乎可以用于显示任何样品表面的超微信息，其应用已渗透到许多科学研究领域，在失效分析、刑事案件侦破、病理诊断等技术部门也得到了广泛应用。材料科学研究领域，表面形貌衬度在断口分析等方面显示有突出的优越性。

背散射电子是试样表面的原子核反弹回来的部分入射电子，包括弹性背散射电子和非弹性背散射电子。由于背散射电子的能量相对较高，其在试样中的作用深度远深于二次电子，通常是在0.1～1μm左右。背散射电子的产额随原子序数的增大而提高，所以可以用于复合材料的成分分析。不过，这并不意味着背散射电子的产额仅仅取决于原子序数，它和试样的表面形貌、晶体取向等都有很大的关系，只是由于背散射电子产生的深度相对二次电子更深，所以对表面的细节表现程度不如二次电子。

7.4 设备与材料

（1）设备

热场发射扫描电镜一台，型号为赛默飞 Nano SEM450；离子溅射仪，型号为 Cressington 108Auto。

（2）材料

聚丙烯（PP），聚丙烯/聚1-丁烯（PP/PB-1）共混物。

7.5 实验步骤

7.5.1 样品制备

取一带缺口的PP或PP/PB-1冲击样条，将之置于液氮中冷却，待液氮表面不再有气泡时，将样品取出，掰断。选择合适高度的碎片，用吸耳球和电吹风清理表面粉尘，将其用导电胶黏到样品台上，放入离子溅射仪中喷金，喷金条件为：10μA，60s。有机聚合物通常为非导体，当入射电子束轰击样品时，会使表面积聚电荷，从而产生无规律的放电现象，即荷电效应，会影响图像的清晰度。为了防止这种现象的发生，不导电的样品通常要在其表面镀上一层金属，使其导电。随着电镜技术的进步，超低电压直接观察不导电样品技术的成熟，目前最先进的扫描电镜已经可以实现在超低电压下直接观察不导电样品。

7.5.2 SEM观察样品断面

① 开启试样室进气阀控制开关放真空，将试样放入试样室后将试样室进气阀控制开关关闭抽真空。

② 对样品台做导航，以获得可以观察到每个样品位置的俯视图。

③ 真空达到要求后，打开工作软件，加高压和束流，聚合物一般使用5kV（不导电试样）。

④ 调节图像对比度（CONTRAST）、亮度（BRIGHTNESS）至适当位置。

⑤ 调节聚焦旋钮至图像清晰。

⑥ 放大图像选区至高倍状态。

⑦ 消去 X 方向和 Y 方向的像散。

⑧ 先用低倍数观察样品的形态全貌，然后提高放大倍数，观察样品的精细结构。在不同放大倍数和不同区域各拍摄几组照片。

⑨ 做好实验记录及仪器使用记录。

⑩ 关闭高压和束流，退出操作界面。

7.6 数据记录与处理

观察聚合物试样断面的形态结构，分散相与连续相的分布状况，分散相与PP基体之间的黏合状况等，并对PP及共混物材料的断裂模式进行讨论。

思考题

① 扫描电镜的二次电子像和背散射电子像各有怎样的特点？

② 通过实验你认为相对于光学显微镜，扫描电镜有哪些优势？

③ 制备共混物的扫描电镜样品时需要注意哪些方面？

④ 扫描电镜的用途广泛，它不但在材料领域有应用，而且在地质勘探、病虫害的防治、灾害（火灾、失效分析）鉴定、刑事侦查、宝石鉴定等领域有广泛的应用，请查阅资料举例具体说明它在材料以外任一领域的应用。

实验8 GPC测聚合物的分子量及分子量分布（虚拟仿真实验）

8.1 实验背景

聚合物的分子量和分子量分布是影响聚合物性能的重要参数。其中，分子量分布的测定，由于涉及复杂的分级过程，大多数方法测试程序复杂、耗时长，一直难以满足生产和科研的需要。凝胶渗透色谱法的诞生改变了这一局面，该方法借助于凝胶色谱柱的快速分离功能，实现了高效的分级。目前，结合计算机技术的发展，它已能实现快速、精确地测量聚合物的分子量和分子量分布，成为研究聚合物分子量分布的最有效的手段。

拓展阅读
1-5
国产仪器
“卡”在哪里

8.2 实验目的

① 理解凝胶渗透色谱的原理。
② 掌握凝胶渗透色谱仪器的构造。
③ 借助虚拟仿真技术，掌握凝胶渗透色谱的实验技术。
④ 测定木质素解聚前后的分子量分布。

8.3 实验原理

凝胶渗透色谱（gel permeation chromatography，简称GPC）也称为体积排除色谱(size exclusion chromatograph，简称SEC)，是一种液体（液相）色谱。借助于GPC/SEC可以对聚合物中不同分子量的级分进行分离，在确定了各级分的分子量和含量后，也就得到了聚合物的分子量分布，然后可以很方便地对分子量进行统计，得到各种平均值。

GPC分级的核心元件是色谱柱，它的固定相是多孔性微球，可由交联度很高的聚苯乙烯、聚丙烯酰胺、葡萄糖和琼脂糖的凝胶以及多孔硅胶、多孔玻璃等来制备；色谱柱的流动相是聚合物的溶剂。当聚合物溶液进入色谱柱后，在溶剂的淋洗作用下，溶质高分子向固定相的微孔中渗透。显然，高分子的体积越小渗透概率越大，在色谱中走过的路程就越长，即淋洗体积或保留体积越大；反之，高分子体积增大，淋洗体积减小，从而实现了依靠高分子体积进行分离的目的。因此，进入色谱柱的高分子溶液按照分子体积由大到小的顺序先后淋出色谱柱。

淋出液中聚合物的含量代表了不同级分的含量，因此是实现分子量和分子量分布测定的重要环节。示差折射率检测是GPC/SEC最常用的检测淋出液中聚合物含量的方法，其原理是利用溶液中溶剂（淋洗液）和聚合物的折射率具有加和性，而溶液折射率随聚合物浓度的变化量值一般为常数，因此可以用溶液和纯溶剂折射率之差（示差折射率）作为聚合物浓度的响应值。对于带有紫外线吸收基团（如苯环）的聚合物，也可以用紫外吸收检测器，其原理依据是比尔定律中吸光度与浓度成正比，用吸光度作为浓度的响应值。

GPC/SEC完整的工作过程见图8-1，溶剂瓶中为可以溶解聚合物的溶剂，可选为淋洗液，借助于输液泵使淋洗液形成流速恒定的流动相，进入仪器的核心部件色谱柱。聚合物溶液试样经过一个进样装置进入色谱柱。在色谱柱中，聚合物样品在淋洗液的作用下流经色谱柱并开始分离，不同体积大小的样品会按照先大后小的顺序陆续从色谱柱中淋出。检测泵通过检测浓度响应信号，记录GPC/SEC淋洗曲线。

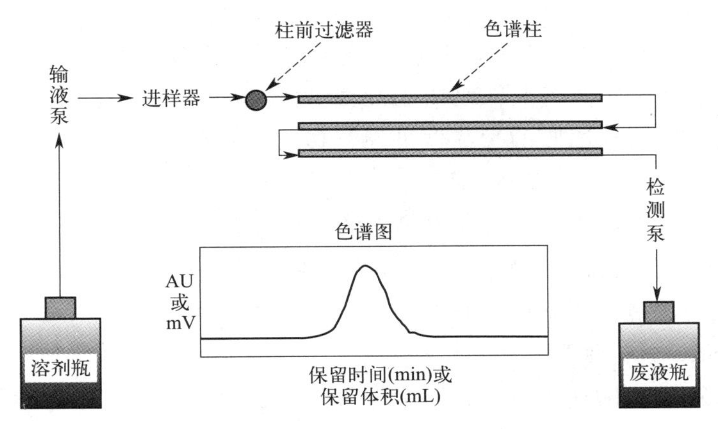

图 8-1　GPC/SEC 工作示意图

淋洗曲线并不是直接的分子量分布曲线，而是淋出体积与浓度信号的关系曲线，淋出体积与分子量大小有直接关系，通常借助于下式获得聚合物分子量的信息：

$$\log M = A - BV_e \tag{8-1}$$

式中，M 为高分子组分的分子量；V_e 为淋出体积；A、B 与高分子链结构、支化以及溶剂温度等影响高分子在溶液中体积的因素有关，也与色谱的固定相、体积和操作条件等仪器因素有关，因此式(8-1)称为GPC/SEC的标定（校正）关系。在该式中，A、B 可以借助于一系列已知分子量的单分散样品作标样，在相同条件下进行GPC实验，从谱图上获得淋出体积 V_e 后，做 $\log M$ 对 V_e 的关系曲线，即为色谱柱的校正曲线，如图8-2所示。

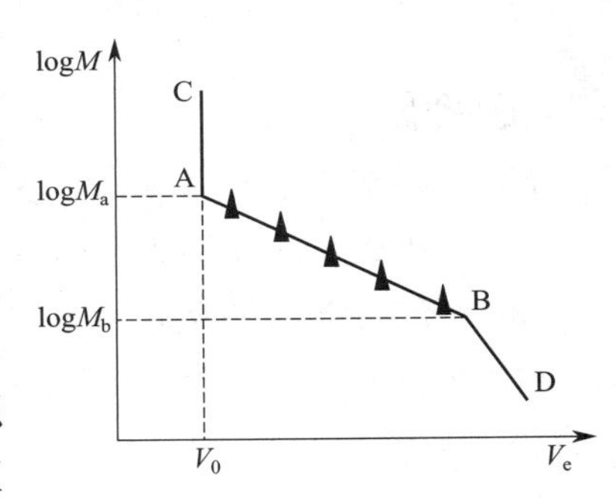

图 8-2　色谱柱的校正曲线

校正曲线的斜率 B 是色谱柱性能的重要参数，B 值越小，柱的分离效率越高。柱效率常用“理论塔板数”N 表示：

$$N = (16/L) \times (V_C/W)_2 \tag{8-2}$$

式中，L 为色谱柱的总长度，m；V_C 为峰尖流出体积的值，mL；W 为峰的宽度，cm，常用峰的起点与终点与基线的距离来确定。通常要求理论塔板数高于1000/m。

8.4　仪器与试剂

本实验采用虚拟仿真系统进行，系统涉及以下仪器与试剂。

① 组合式GPC/SEC仪，分析天平，13mm微孔过滤器；

② 淋洗液（溶剂）：四氢呋喃（AR），重蒸后用0.45μm孔径的微孔滤膜过滤；

③ 被测样品：木质素。

8.5 实验步骤

本实验进行虚拟仿真操作，包括以下步骤：

（1）样品前处理

采用乙酸酐/吡啶解聚木质素，分别将解聚前后的木质素样品溶于四氢呋喃，得待测样品1和样品2。在配样瓶中称取约4mg被测样品，注入约2mL溶剂，溶解后，用装有0.45μm孔径的微孔滤膜的过滤器过滤，移入样品盘。

（2）仪器操作

打开GPC/SEC仪器开关，启动电脑上的工作站开关。编辑工作方法，设定淋洗液流速为1.0mL/min、柱温和检测温度为40℃，紫外检测信号280nm，峰宽选10Hz，对不同序列样品进行测量，得GPC曲线。

（3）GPC/SEC数据处理

调用工作站窗口中的“数据分析”命令进入数据分析界面，参照操作手册，获得样品的分子量及分子量分布信息。

8.6 数据记录与处理

① 画出两样品的GPC/SEC的曲线，分析分子量信息。

② 总结两样品分子量及分布的差异，并分析原因。

思考题

① 相同分子量的两样品，支化高分子和线形高分子的淋出体积有何区别？为什么？

② 为什么在凝胶渗透色谱实验中，样品溶液的浓度不必准确配制？

③ 如何获得标准校正曲线？如何建立普适校正曲线？

④ 查阅文献，讨论GPC在高分子表征中还有哪些应用。

第二章

高分子的运动与转变

聚合物的长链结构决定了它们运动单元的多重性，不同的运动单元对温度响应不一样，由此产生了聚合物的三种力学状态：玻璃态、高弹态（又称橡胶态）和黏流态。当聚合物处于不同力学状态时，许多性质如热力学性质、动力学性质、力学性能和电磁性能都将发生很大的变化，在三种状态的转变温度区域，即玻璃化转变温度 T_g 和黏流温度 T_f，甚至会发生突变。而且，对于聚合物材料来说，发生突变的温度区域正好在室温上下几十度范围内。我国地域辽阔，各地气温相差颇大，即使在同一地方，冬季－20～－10℃的室外气温和 90℃以上的烫水都是日常高分子材料使用的温度范围。因此，研究分子运动与转变，掌握聚合物性能与温度依赖关系，对合理设计和使用聚合物制品具有极为重要的意义。

此外，聚合物分子运动与温度的关系规律也为我们探究聚合物各种力学性能的分子机理提供了大量信息，使我们有可能从分子水平上分析性能变化的机理。因为聚合物的力学性能是各种分子运动在宏观上的表现，而温度对分子运动的影响是不言而喻的，所以，研究高分子的分子运动、转变与温度的关系，可理解聚合物宏观性能的分子本质，从而建立聚合物宏观性能的分子理论。

因此，本章将根据温度变化引起的材料体积、力学性能以及热力学性质的改变，讨论高分子分子运动与温度关系的研究方法。

实验 9　膨胀计法测定聚合物的玻璃化转变温度

9.1　实验背景

玻璃化转变是非晶态聚合物的一种普遍现象。即便是结晶聚合物，也不可能形成100％的结晶，总有非晶区存在。非晶态聚合物随温度变化出现三种不同的力学状态，即玻璃态、高弹态和黏流态。玻璃态和高弹态之间的转变称为玻璃化转变，对应的转变温度为玻璃化转变温度，用 T_g 来表示；而高弹态和黏流态之间的转变称为黏流化转变，对应的温度为黏流温度，用 T_f 来表示。

在发生玻璃化转变时，聚合物的很多物理性质如力学性质、比热容、体积等都会发生急剧的变化。在很窄的转变温度区间内，模量会降低3～4个数量级，这使得材料从坚硬的固体变成柔软的弹性体，完全改变了材料的使用性能。作为橡胶使用的聚合物，当温度降低到发生玻璃化转变时，模量上升，材料变硬变脆，失去了橡胶的性能；作为塑料使用的聚合物，当温度升高到发生玻璃化转变时，模量下降，材料变软失去了塑料的性能。因此，T_g 在室温以上的高分子材料是塑料；T_g 在室温以下的高分子材料是橡胶。从工艺角度来看，T_g 是塑料的使用上限温度，是橡胶使用的下限温度。从微观角度来说，T_g 是高分子特有的运动单元——链段开始（或结束）运动的温度，是衡量高分子链柔顺性高低的温度，即T_g 越低，高分子链的柔顺性越好。因此，T_g 是聚合物的特征温度之一，可以作为表征聚合物性能的指标。

9.2 实验目的

① 掌握膨胀计法测定聚合物玻璃化转变温度的基本原理。

② 掌握膨胀计法测定聚合物玻璃化转变温度的基本方法和实验数据处理方法。

③ 理解升降温速度对玻璃化转变温度的影响，掌握玻璃化转变的松弛本质。

9.3 实验原理

在发生玻璃化转变时，聚合物的许多物理性质都会发生急剧的变化，如比体积、线膨胀系数、折射率、比热容、溶剂在聚合物中的扩散系数、动态力学损耗和介电损耗等。因此，可以通过测量这些物理性质的变化来确定玻璃化转变温度。

膨胀计法测定的是比体积随温度的变化，是一种测量玻璃化转变的静态方法，由于测量过程较长、灵敏度较低而较少采用。但由于比体积和温度的关系与玻璃化转变的自由体积理论联系较为直接，而且测量所需仪器也非常简单，仍然是一种很有意义的测量方法。

自由体积理论认为：①聚合物的体积由分子链占据的体积（固有体积 V_0）和未被占据的自由体积（V_f，以“孔穴”的形式分散于整个物质中）组成。正是由于自由体积的存在，分子链才可能发生运动。②T_g 附近聚合物的体积随温度的变化趋势不同。在 T_g 以下，自由体积被冻结在一个最低值且不会随着温度的变化而变化，此时体系体积的变化只由固有体积的变化贡献，膨胀系数小。高分子链段由于缺少足够的运动空间也处于被冻结状态。当温度升高到T_g 时，自由体积也开始膨胀，链段获得了较高的运动能量并具有了必要的自由体积，开始由冻结状态进入可自由运动的状态，这就是玻璃化转变。

因此，在T_g 以上，体系体积的变化由自由体积和固有体积的变化同时贡献，膨胀系数大。如图9-1所示，图中上方的实线为聚合物的总体积，下方虚线部分为聚合物链的固有体积。由图可见，当温度大于T_g 时，聚合物在正常分子膨胀的基础上，自由体积也发生膨胀，导致膨胀系数显著增加，体积随温度变化的曲线上会出现转折，可以利用该转折方便地测出聚合物的T_g。

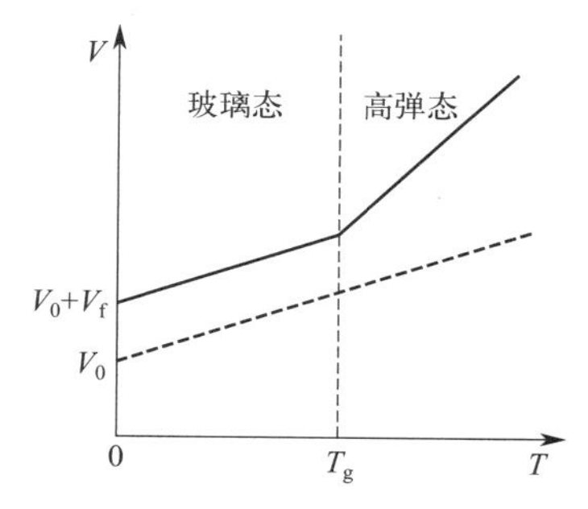

图9-1 自由体积理论示意图

9.4　仪器与试剂

(1) 仪器

膨胀计，水浴加热器，温度计。

(2) 试剂

聚氯乙烯样品（或尼龙 6 颗粒），水（或丙三醇）。

9.5　实验步骤

① 在洗净烘干的膨胀计中，装入膨胀计体积的 1/2 的聚合物颗粒。

② 加入水（或丙三醇）作为指示液，轻轻搅拌使塑料颗粒和指示液充分接触，并保证膨胀管内没有气泡，特别是塑料颗粒上没有吸附气泡。

③ 插入毛细管，使指示液的液面在毛细管下部，检查膨胀计内无气泡方可进行后续步骤的操作。

④ 将装好的膨胀计浸入水浴中，于 30℃恒定 20min 后，设置最高温度为 100℃（尼龙 6 颗粒设置为 65℃）。

⑤ 记录时间，读取水浴温度和毛细管内指示液的液面高度，60～90℃之间每升高 1～2℃读数一次（尼龙 6 颗粒则在 30～55℃间每升高 1～2℃读数一次，直至 55℃）。

⑥ 设置水浴温度最低为 10℃，记录时间，读取水浴温度和毛细管内指示液的液面高度，90～60℃之间（尼龙 6 颗粒在 55～30℃之间）每降低 1～2℃读数一次。

9.6　数据记录与处理

聚合物：________________

(1) 升温测试

起始时间：________________起始温度：________________

终止时间：________________终止温度：________________

温度 T /℃											……	
高度 h /cm											……	

计算升温速率（℃/min）：________________

以高度 h 对温度 T 用 Origin 规范作图，在转折点两边作切线，在交点处得到玻璃化转变温度 T_g＝______℃。（附 h-T 的关系曲线图）

(2) 降温测试

起始时间：________________起始温度：________________

终止时间：________________终止温度：________________

温度 T /℃											……	
高度 h /cm											……	

计算降温速率（℃/min）：____________________

以高度 h 对温度 T 用 Origin 规范作图，在转折点两边作切线，在交点处得到玻璃化转变温度 T_g = ______ ℃。（附 h-T 的关系曲线图）

（3）比较升、降温速率下所测得玻璃化转变温度 T_g 的差异，并分析原因。

思考题

① 膨胀计法是一种测定聚合物玻璃化转变温度的经典方法，试根据玻璃化转变的自由体积理论简述其原理。

② 如何应用膨胀计研究聚合物的等温结晶动力学？

③ 升温与降温过程的玻璃化转变温度有什么差别？为什么会产生这种差别？

④ 根据本节的实验数据，分析 PVC 的用途。思考并回答，为什么实际生产中 PVC 可以广泛应用于各种硬质建筑材料、软质皮包、儿童玩具等多种制品？

实验 10　聚合物的形变-温度曲线测定

10.1　实验背景

伴随着温度的改变，聚合物的分子运动单元也发生改变，导致力学性能如模量和形变发生明显改变，这就影响到聚合物的使用。因此，工业上采用了许多实验方法测定温度对聚合物力学性能的影响，如马丁耐热和维卡耐热（参见本书第三章）等，并以此来确定聚合物材料的耐热指标。虽然这些方法对统一产品检验和质量控制有很大帮助，但它们的物理意义并不明确，也就不能用来全面反映聚合物力学性能的温度依赖性。而全面记录聚合物力学性能与温度的依赖关系，如形变-温度曲线（也叫温度-形变曲线）、模量-温度曲线和动态力学性能则更能反映分子运动对性能影响的本质。其中，形变-温度曲线和模量-温度曲线因实验方法简单易行，常在科研和生产中使用。

10.2　实验目的

① 掌握测定聚合物形变-温度曲线的方法。

② 理解聚合物的三个力学状态和两个转变对应的分子运动规律。

③ 测定聚氯乙烯的玻璃化转变温度 T_g，理解其理论和应用价值。

④ 了解分子量、结晶、交联等结构因素对形变-温度曲线的影响和规律。

10.3　实验原理

10.3.1　线形非晶聚合物的形变-温度曲线

当线形非晶态聚合物受到一定的载荷（外力）作用时，以试样的形变对温度作图，可得到非晶态聚合物典型的形变-温度曲线，如图 10-1 所示。整个曲线可以分成五个区，即三种不同的力学状态和两个转变。

在低温区，聚合物分子链及其链段的运动均被冻结，它们只能在其固定的位置附近振动。此时，外力的作用只能引起键长的伸缩和键角的改变，聚合物在力学性能上表现得像玻璃一样，硬而脆，模量可达到 $10^9 \sim 10^{9.5}$ Pa，称为玻璃态。玻璃态的聚合物在受到外力作用时，会立刻产生相应的形变，而撤去外力，形变也会立刻回复，与一般固体的性质相同，是一种普弹形变。

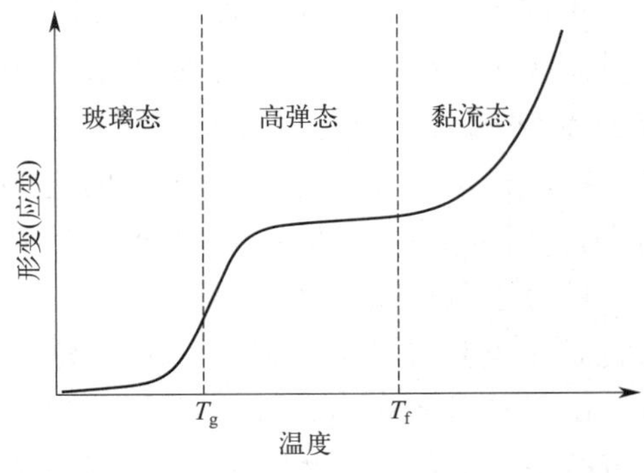

图 10-1　线形非晶态聚合物典型的形变-温度曲线

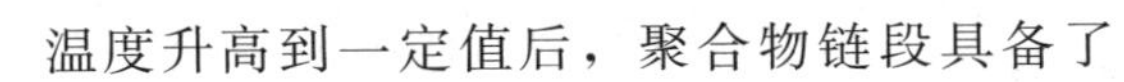
温度升高到一定值后，聚合物链段具备了运动的条件，但由于高分子链之间的缠结作用，分子链的运动以及包括许多链的联合运动，仍是受阻的。此时，聚合物的力学状态就像交联橡胶一样，称为高弹态。该状态下，其模量几乎不随温度改变而改变，保持在 $10^{5.4} \sim 10^{5.7}$ Pa，称为高弹态平台。此时，

聚合物的运动单元主要是链段及以下单元，由于分子链还无法运动，因此玻璃化转变区域和高弹态的出现与聚合物分子的链长无关。尽管整个分子链还不能移动，但由于链段已经能运动，聚合物表现出类橡胶的力学性能。受到外力作用时，聚合物会通过链段运动被拉长，构象熵减小。除去外力，除了普弹性马上回复外，由链段运动而引起的大形变也会由于熵的作用而完全回复，这就是所谓的橡胶弹性或高弹性。

温度继续升高，高分子链间的缠结束缚开始减弱，分子的整体运动变得越来越显著，聚合物开始从高弹态向黏流态转变。直至温度更高时，分子链已能整体发生运动，聚合物呈现出明显的流动性，模量降低到 $10^{4.5}$Pa，聚合物完全进入黏流态。显然，此时整个大分子链的质量中心能够发生移动，聚合物能像黏性液体一样发生黏性流动，呈现出随时间不断增大的形变，去除外力，形变不再回复，表现出典型的液体性质。值得注意的是，这种液体不仅具有黏性也具有弹性，是一种不同于小分子液体的黏弹性流体。

玻璃化转变区即为玻璃态和高弹态之间的过渡区，此时尽管大分子链的整体运动仍不可能，但其链段已开始有短程的扩散运动。模量下降非常迅速，约从 $10^{9.5}$Pa 变为 $10^{5.4}$Pa，由此确定的玻璃化转变温度 T_g 可视为链段运动的起始温度，在高分子结构研究中非常重要。

黏流温度 T_f 则是从高弹态到黏流态的转变。以上就是线形非晶态聚合物的三个力学状态和两个转变。

10.3.2　聚合物形变-温度曲线的应用

由于聚合物的分子运动受到分子量大小、结晶、交联以及改性等的影响，聚合物的形变-温度曲线也会相应地发生变化。因此，该曲线不但可以用来了解聚合物的三个力学状态和确定 T_g 和 T_f，还可以用于定性判定聚合物的分子量大小、聚合物中增塑剂的含量、交联和线形聚合物、晶态和非晶态乃至聚合物在高温下可能的热分解、热交联等，分述如下。

10.3.2.1　不同分子量的聚合物

不同分子量的线形非晶态聚合物的形变-温度曲线有不同的形状。图 10-2 是不同分子量聚苯乙烯的形变-温度曲线示意图。当分子量较低时，整个大分子链就是一个链段，链段运动就是整个大分子链的运动，玻璃化转变温度 T_g 就是它的流动温度 T_f。因此，低分子量的聚苯乙烯（低聚物）不存在橡胶态，但其流动温度随分子量的增大而升高。以后随分子量进一步增大，一根分子链已可分成许多链段，在整链运动还不可能发生时，链段运动就已被激发，呈现出了橡胶态，从而有了玻璃化转变温度 T_g，并且由于是链段运动，反映链段运动的 T_g 不再随分子量的增大而增高。这时反映整链运动的流动温度 T_f 将随分子量的增大而增高，因此橡胶态平台区将随分子量的增大而变宽。

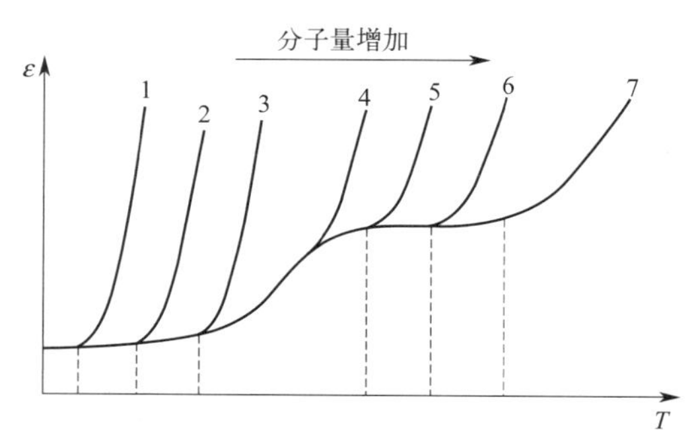

图 10-2　不同分子量聚苯乙烯的形变-温度曲线

M：1—360；2—440；3—1140；4—40000；5—120000；6—550000；7—638000

10.3.2.2　晶态和非晶态聚合物

结晶聚合物在结晶度较低时，温度-形变曲线与一般非晶聚合物差别不大。对于结晶度较高的晶态聚合物，形变-温度曲线可以分成高、低分子量两种情况。当分子量较低时，如图 10-3 中曲线 1。在低温时，晶态聚合物受结晶作用的限制，即使温度高于 T_g，高分子链段仍不能活动，所以形变很小。当温度升高到熔点 T_m 时，由于克服了晶格能的限制，高分子整链可以运动，便进入了黏流态，所以 T_m 又是黏性流动温度。因此，这种晶态聚合物只有两个态，在 T_m 以下处于晶态，这时与非晶态聚合物的玻璃态相似，可以作塑料或纤维用；到温度高于 T_m 时，聚合物处于黏流态，便可以加工成型。当聚合物的分子量较高时，如图 10-3 中曲线 2。温度到达 T_m 时，还不能使整个分子发生流动，只能使之发生链段运动，于是进入高弹态，等到温度升至 T_f 时才进入黏流态。因此，这种晶态聚合物有三态：在 T_m 以下为晶态，在 $T_m \sim T_f$ 之间为高弹态，在 T_f 以上为黏流态，才能到达成型的温度区间。由于温度高容易导致聚合物分解，降低成型产品的性能，所以晶态聚合物的分子量不宜太高。

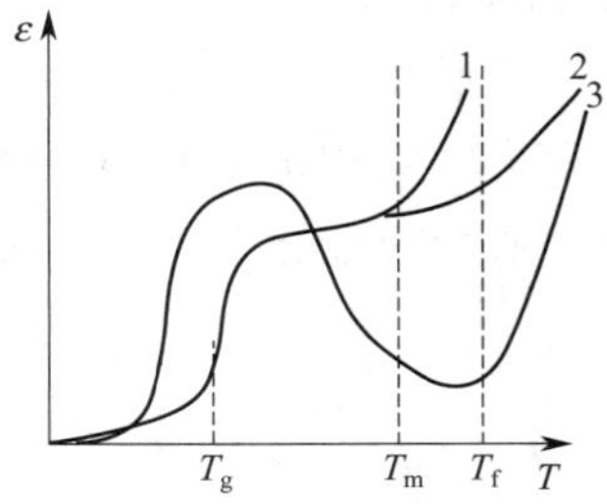

图 10-3　晶态聚合物的形变-温度曲线

结晶性聚合物由熔融状态下突然冷却（淬火），能生成非晶态聚合物（玻璃态）。在这种状态下聚合物的形变-温度曲线如图 10-3 中的曲线 3。在温度达到 T_g 时，分子链段便活动起来，形变突然变大，同时链段排入晶格成为晶态聚合物。于是在 T_m 与 T_g 间，曲线出现一个峰后又降低，一直到 T_f，如果分子量不太大就与图 10-3 中的曲线 1 后部一样，进入黏流态。如果分子量很大就与图 10-3 中的曲线 2 后部一样，先进入高弹态，最后才进入黏流态。

10.3.2.3　交联与线形聚合物

线形聚合物的形变-温度曲线如上述。对于交联聚合物，由于大分子链之间有化学键相连，分子整链的流动已不能发生，因此交联聚合物没有黏流态，也就没有黏流温度 T_f，形变-温度曲线停留在高弹态的平台（图 10-4）。不同交联度的聚合物由于其高弹形变大小不一，交联度增加形变就逐渐减小。因此，通过形变-温度曲线的形状就能区分所测聚合物是线形聚合物还是交联聚合物以及聚合物交联度的高低。

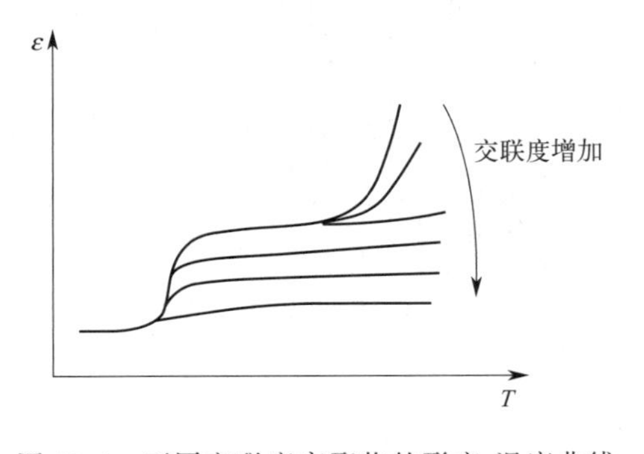

图 10-4　不同交联度高聚物的形变-温度曲线

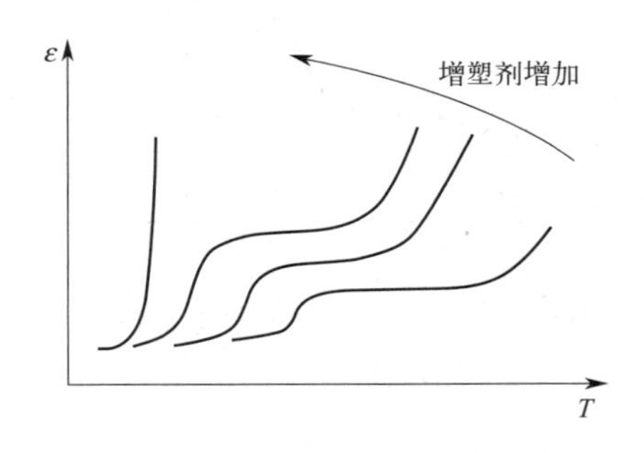

图 10-5　不同增塑剂含量高聚物的形变-温度曲线

10.3.2.4　增塑聚合物

从实用角度，为使聚合物更适用于不同的使用要求，往往在聚合物中添加不同含量的增塑剂来改变它们的玻璃化转变温度。由于聚合物中的增塑剂，玻璃化转变温度会有不同程度的降低，从而在它的形变-温度曲线上反映出来，如图10-5所示。随增塑剂含量的增加，聚合物的玻璃化转变温度和流动温度都降低，它的形变-温度曲线向左移动。

10.3.2.5 高温时的热分解

形变-温度曲线还可以用来检测聚合物在高温下可能的热分解或热交联反应，黏流态的曲线上出现各种形状的起伏就是这些变化的反映，如图10-6所示。一般来说，曲线曲折地往下降主要是发生交联反应，若曲线曲折地往上升则主要发生热分解反应。形变-温度曲线上小峰对应的温度就是聚合物的分解温度 T_d。

需要指出的是，形变不是特征量，它与试样的尺寸有关。试样尺寸大的，尽管相对形变不一定很大，但其绝对形变可能会很大；而试样尺寸小的，绝对形变可能不大，而相对形变可能已相当大。因此，在要求更定量的关系时，改用材料的特征量模量-温度曲线。

10.4 设备与材料

(1) 设备

形变-温度仪，装置原理如图10-7所示。使用调压器使仪器处于等速升温的环境中，通过砝码加连杆将载荷施加到待测样品上。试样的形变由差动变压器测试，信号经整流器后输入双笔记录仪的一个通道记录，另一个通道用来记录温度，从而获得形变-温度曲线。

(2) 材料

1～2mm厚的聚氯乙烯板作为测试样品。

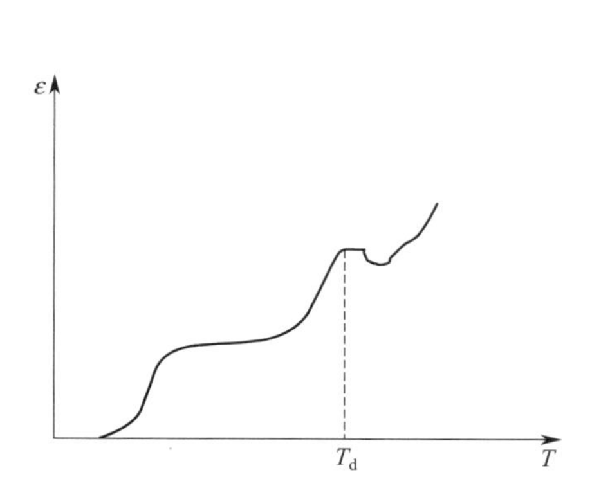

图10-6 高聚物发生热分解在形变-温度曲线上的反映

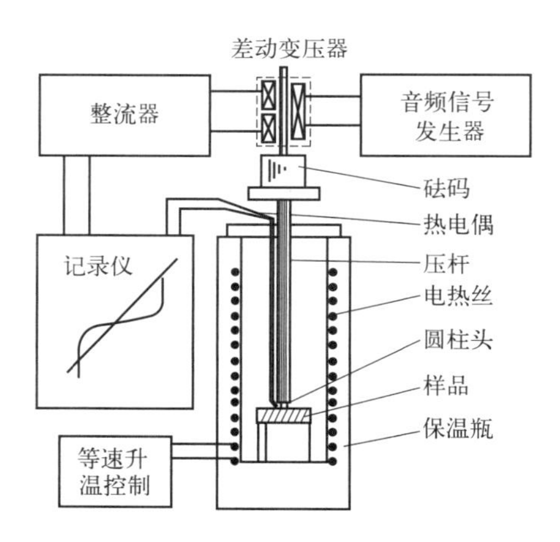

图10-7 形变-温度仪原理

10.5 实验步骤

(1) 确定测量条件

① 准确测量与样品接触的压杆端面积，根据砝码质量，算得载荷，本实验为

$7kg/cm^2$；

② 选择升温系统调压变压器的电压，使升温速率为 2.5℃/min。

（2）实验步骤

① 按图正确接好线路，检查无误。

② 在炉子中取出样品支架，将样品放入样品池中央，使压杆平稳压在样品上，注意使热电偶尽量靠近被测样品。然后将样品支架放回炉子中，在压杆顶部托台上加砝码，转动差动变压器支架，使差动变压器铁芯连杆落在砝码中央。

③ 接通音频信号发生器电源，并调整出 4V、2000Hz 的输出。

④ 接通记录仪电源，调节衰减电位器，使形变测量系统有合适的灵敏度。如是 2mm 厚的样品，可把记录仪形变指针满刻度对应于 2mm 的位移。微动差动变压器微调螺母，使差动变压器的铁芯位置在零点偏下，把记录仪记录形变的笔调在记录仪右侧约 5 格位置上。

⑤ 接通加热电源，加热用调压器调到 100V。

⑥ 放下记录仪笔开始记录，并记下升温的起始时间。当双笔记录仪画出完整的温度-形变曲线时，即可停止实验，并再一次记下时间。

⑦ 关闭所有电源，并取出样品支架，观察样品变形情况。

⑧ 待炉子冷却到室温后（必要时可以用少量液氮冷却），重复以上实验，可把加热用调压器调到另一个电压，譬如 120V。

10.6 数据记录与处理

图 10-8 为实验曲线示意图，将形变曲线两次拐弯附近的直线部分分别延长，分别交于两点 A 和 B，过 A 和 B 作记录仪上温度线的平行线，两条平行线与温度线的交点分别对应玻璃化转变温度 T_g 和黏流温度 T_f。

对于测得的每一个 T_g 和 T_f 都应注明测试条件：

① 所加载荷：已知压杆端面直径______mm，圆面积______mm^2，施加压强＝载荷/圆面积______MPa。

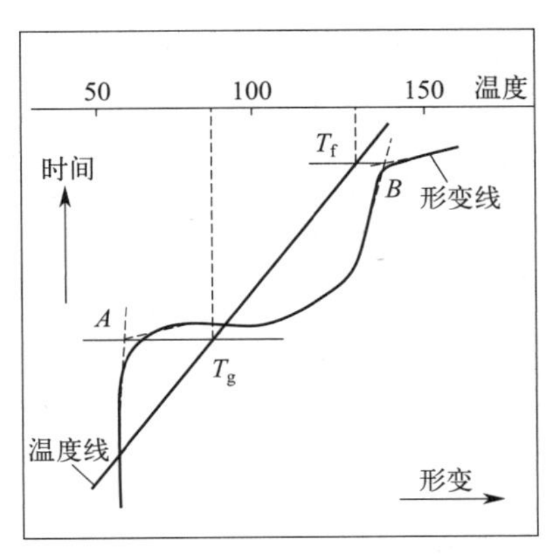

图 10-8 实验得到的形变-温度曲线

② 升温速率=初末温差/升温时间=______℃/min。

将实验结果列表如下：

试样	载荷	升温速率	T_g	T_f

思考题

① 聚合物的形变-温度曲线与其分子运动有什么联系？不同分子结构和不同聚集态结构的聚合物应有什么样的形变-温度曲线？

② 聚合物的形变-温度曲线对聚合物的加工和应用有何实际意义？

③ 为什么由形变-温度曲线测得的 T_g 和 T_f 值只是一个相对参考值？T_g 和 T_f 值受哪些实验因素的影响？如何影响？

实验 11　差示扫描量热法（DSC）测定聚合物的热力学转变

11.1　实验背景

随着温度的变化，高分子的多重运动单元会发生玻璃化转变、结晶、熔融、交联、降解等转变，研究这些变化对于材料结构的表征具有重要价值。差示扫描量热仪（differential scanning calovimetry，简称 DSC）是 20 世纪 60 年代以后研制出的一种热分析仪器。它是在程序控温的环境中，测量试样相对于参比物的热流差随温度变化的一种技术，具有测试温度较宽、分辨能力高和灵敏度高的优势。相对实验 9 和实验 10 对玻璃化转变温度和黏流温度的测量，DSC 可以更方便地、定量地测定各种热力学参数和动力学参数，所以在工程应用和理论研究中获得广泛的应用。聚合物中一些重要物理变化可以用 DSC 来测定，如玻璃化转变温度 T_g、结晶温度 T_c、熔点 T_m 及分解温度 T_d 等，用 DSC 还可测得这些变化的熔值。另外，一些有热效应的化学变化也可用 DSC 来测定。

11.2　实验目的

① 掌握 DSC 的基本原理和使用方法；

② 测定聚合物的玻璃化转变温度 T_g、熔点 T_m 和结晶温度 T_c。

11.3　实验原理

11.3.1　DSC 的工作原理

差热分析仪（DTA）是 DSC 的前身，它的测量原理是将待测样品与参比样品同时加热，测量试样发生放热和吸热时，试样与参比试样之间的温度差（ΔT），将温度差经差热放大器放大后输入记录仪，即得 DTA 曲线。但热效应测量的灵敏度和精确度都不理想，使其定量测量非常困难。而 DSC 则是使试样与参比物保持同样的温度，避免了二者间的温差与热交换，测量在同一加热炉中为保持样品和参比物温度相同所需的功率差，如图 11-1。

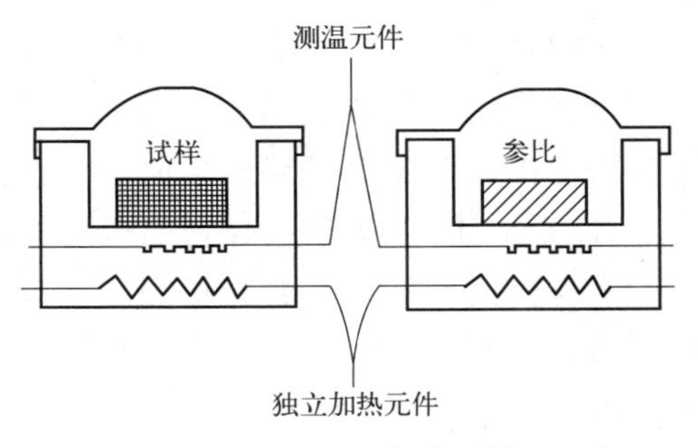

图 11-1　DSC 加热元件

图 11-2 为常见 DSC 的原理示意图，试样和参比物分别各有独立的加热元件和测温元件，并由两个系统进行监控。其中一个用于控制升温速率，另一个用于补偿试样和参比物之间的温差。根据测量方法的不同，可分为功率补偿型 DSC 和热流型 DSC。

对于热流补偿型，是在给予试样与参比物相同功率条件下，测量试样与参比物之间的瞬时温差 ΔT，根据公式(11-1) 将温差换算成热量差，作为信号输出，对时间或温度作图，从而得到 DSC 曲线。

$$\Delta T = R\,\mathrm{d}Q/\mathrm{d}t \tag{11-1}$$

式中，R 与热传导系数、热辐射、热容以及实验温度有关，可以通过多点热流校正，得到热阻 R 与温度的非线性函数关系。

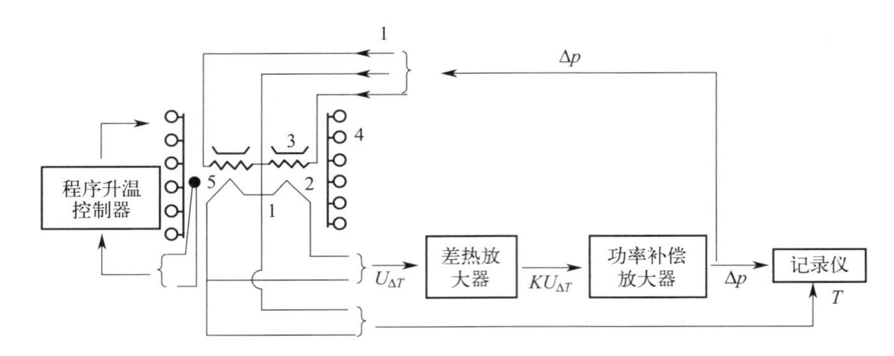

图 11-2 功率补偿型 DSC 原理

1—温差热电偶；2—补偿电热丝；3—坩埚；4—电炉；5—控温热电耦

对于功率补偿型，是在试样产生热反应时，进行功率补充，消除试样与参比之间的温差。也就是，当试样在加热过程中产生热效应而与参比物之间出现温差 ΔT 时，补偿电热丝的电流就会发生变化：如果试样吸热，补偿放大器使试样一边的电流立即增大；如果试样放热，则使参比物一边的电流增大，直到两边热量平衡，温差 ΔT 消失为止。因此，无论试样吸热还是放热，由于在试样或参比池进行了及时的输入电功率补偿，所以二者的温度保持相等，但是试样和参比物下面两只电热补偿器的热功率不同。仪器记录的是两补偿器功率之差随时间 t 的变化关系 $\mathrm{d}H/\mathrm{d}t$-t。

根据温度速率与时间的关系，也得到热功率之差随温度 T 的变化关系 $\mathrm{d}H/\mathrm{d}t$-T。因此，DSC 曲线上的峰面积 S 正比于热的变化：

$$\Delta H_{\mathrm{m}}=KS \tag{11-2}$$

式中，K 为与温度无关的仪器常数，可以通过已知相变热的试样标定。

根据待测试样的峰面积，代入上式就可得到 ΔH 的绝对值。仪器常数的标定，可通过测定锡、铅、铟等纯金属的熔化，从其熔化热的文献值即可得到仪器常数。

11.3.2 DSC 研究聚合物的运动与转变

聚合物处于玻璃态时，链段被冻结，只有较小的运动单元如侧基和支链等可以运动。当升温至 T_{g} 附近时，由于链段开始运动，便出现了热容的变化，表现为 DSC 曲线上出现了一个转折。因此，我们以此来测定聚合物的 T_{g}。

测定 T_{g} 时要求仪器灵敏度高且基线稳定，否则曲线上不易出现转折。对于可以结晶的聚合物在结晶温度 T_{c} 附近时，便出现非晶相向晶相的转变。发生结晶过程，引起了能量的净释放，所以曲线上出现了一个放热峰。当能结晶的聚合物处于 T_{m} 附近时，其中的结晶结构要熔化而转变为无定形态，这时就出现一个吸热峰。DSC 除能确定结晶温度和熔点外，还可通过结晶或熔融的焓值确定结晶度，并根据熔融峰的宽度分析结晶的完善程度。继续升高温度，聚合物会在 T_{d} 时发生解聚或交联等变化，图 11-3 给出了聚合物的典型 DSC 曲线。

聚合物的这些转变一般发生在某一温度范围之内，这一温度范围与分子量、分子量分布以及样品的热历史有关。又由于 DSC 是在动态下测量的，所以其数值还与升温速率有关。欲获得转变温度的具体数据，可以用斜率开始变化的温度，外推起始温度、拐点温度及峰顶（或谷底）温度来确定，因此在给出转变温度时应标明测定的方法和测试的条件。

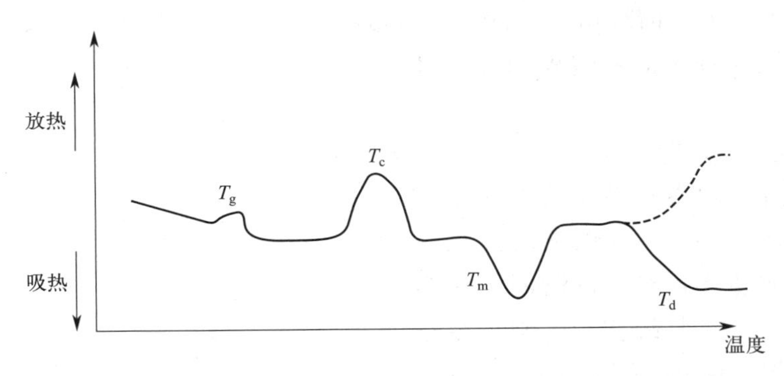

图 11-3　聚合物的典型 DSC 曲线

11.4　设备与材料

（1）设备

DSC-60 型量热仪，天平，烘箱。

（2）材料

聚乳酸（PLA）。

11.5　实验步骤

① 进入实验室之前，各电源已开，氮气装置也不需调节。

② 在精密天平上放铝制坩埚，称取 3～5mg 样品，盖上盖片，压实。

③ 在 DSC 参比池（右）放入空的铝坩埚，在样品池（左）放入待测样品。

④ 按照下表进行热循环扫描：

序号	升温速率/(℃/min)	目标温度/℃	保持时间/min
1	10	190	3
2	−80	110	60
3	110	190	3

⑤ 试验结束，保存数据，切断各单元的开关，再关掉总电源、气源，并进行清理。

11.6　数据记录与处理

① 导出原始数据，采用 Origin 画图得 DSC 曲线。

② T_g 的分析

从 DSC 曲线上获取 T_g 有两种方法：第一种是在开始发生转变的两侧取两条渐进直

线，直线交点可认为是 T_g；第二种是取转变区域的中点温度作为 T_g，如果图的转变区域不是线性的，则不宜使用这种取点方式。

③ T_c 的分析

继续升温，曲线出现放热峰时，将峰值可视为最大结晶温度 T_c。

④ T_m 的分析

在结晶温度上方，曲线出现吸热峰，通常将峰值视为熔点 T_m。对该吸热峰进行分析，可通过基线与吸热曲线包围的面积计算熔融焓值。

⑤ 等温结晶的分析

等温结晶过程观察热补偿功率随时间的变化曲线，如图11-4。可以发现曲线随时间延长出现放热峰，对应的时间可记为最大结晶时间 t_c。将基线作出，则可由结晶曲线与基线围成的图形面积得到结晶焓。

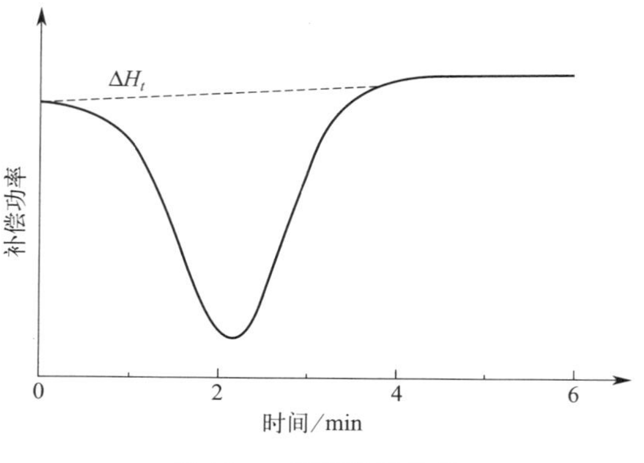

图 11-4　等温结晶曲线

采用 Avrami 方程进行拟合，即从结晶起点开始到任意时刻 t 下 DSC 封闭曲线的面积除以总的熔融峰封闭区域的面积，可定义为 t 时刻的结晶分数 α，而 Avrami 方程为：

$$1-\alpha=\exp(-kt^n) \tag{11-3}$$

若两侧取两次对数，则可进行直线拟合：

$$\ln[-\ln(1-\alpha)]=\ln k+n\ln t \tag{11-4}$$

可利用原始数据和基线方程得到任意时间内的封闭面积，再根据上式拟合出 k 和 n。

思考题

① 如果某聚合物在热转变时的热效应很小，如何去增加这个转变的强度？

② 比较本实验数据结晶焓和熔融焓的绝对值有怎样的差别？为什么会产生这样的差别？

③ 通过注塑获得 PLA 制品通常是透明的，耐热变形温度不高，为什么？如何提高该类制品的耐热温度？

第三章 高分子的性能

高分子丰富的结构决定了高分子材料性能的多样性，因此应用广泛。长期以来，由于具有轻质、耐用、柔软、价廉等特点而在日常生活中被广泛应用，如经典的塑料、橡胶、纤维等材料。如今，随着人们对高品质产品和环保材料的追求，高分子材料的性能得到了进一步提高，被广泛应用于国防、电子、航空、航天、生物医疗、水处理等领域，已成为现代工业和高新技术的重要基石，是国民经济基础产业以及国家安全不可或缺的重要保证。高分子材料的性能研究也成为近年来学术界和工业界研究的热点。因此，研究哪些性能、如何研究这些性能就成了本章的主题。力学性能是作为材料使用的基础，加工性能是材料转化为产品的前提，而电、热等性能为材料的功能化应用提供了可能，本章以常见高分子材料为例，针对这三方面的性能研究方法展开论述，关注性能以及性能背后的结构与分子运动本质。

实验 12　高分子材料的力学性能实验（1）——拉伸曲线的测定

12.1　实验背景

拉伸性能是高分子材料最重要和最基本的力学性能之一，一般通过拉伸试验进行研究。所谓拉伸试验是指在规定的试验温度、湿度和速度条件下，对标准试样沿纵轴方向施加静态拉伸负荷，直至聚合物断裂破坏，得到拉伸过程中高分子材料试样的应力-应变曲线。从应力-应变曲线可以得到高分子材料的力学性能参数（如杨氏模量、屈服强度、屈服伸长率、断裂强度、断裂伸长率等），由此可以对高分子材料承受载荷能力、抵抗变形能力等进行评价。通过测定不同温度下和不同应变速率下的应力-应变曲线，可以对高分子材料的力学性能进行更为全面的评估，由此可以对聚合物材料的凝聚态结构及其所处的力学状态进行分析，为高分子材料的设计和实际应用提供科学的指导和帮助。

12.2　实验目的

① 熟悉电子拉力试验机的结构、工作原理及使用方法。

② 测定不同拉伸速度下高分子材料的应力-应变曲线，观察高分子材料特有的应变软化、细颈和应变强化等现象。

③ 掌握通过对应力-应变曲线分析得到高分子材料的弹性模量、屈服强度、断裂强度和断裂伸长率的方法。

④ 掌握测试条件如温度、拉伸速度等对测试结果的影响。

⑤ 了解塑料拉伸测试相关的国家标准和国际标准。

12.3 实验原理

聚合物的应力-应变拉伸曲线通过电子拉力试验机进行测定。电子拉力试验机是将聚合物材料在拉伸过程中的刺激（负荷）和响应（变形）通过压力传感器和形变测量装置转变为电信号记录并传入计算机，经计算处理可得拉伸形变过程中的应力-应变曲线。电子拉力机除了应用于力学试验中最常用的拉伸试验外，还可进行压缩、弯曲、剪切、撕裂、剥离以及疲劳、应力松弛等各种力学试验，是测定和研究聚合物材料力学行为和力学性能的有效手段。

12.3.1 应力-应变试验基本概念

应力-应变试验通常是在张力下进行，即沿试样纵向主轴恒速拉伸，直到断裂或应力（负荷）或应变（伸长）达到某一预定值，测量在这一过程中试样所承受的负荷（应力）及相应标线间长度（标距，L_0）的伸长（形变值）。如图 12-1 所示，拉伸试样为哑铃状样条。

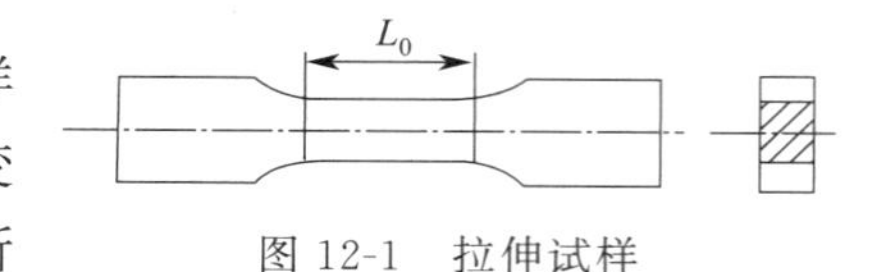

图 12-1 拉伸试样

应力是试样单位原始横截面积上所受到的拉伸负荷，可由下式计算：

$$\sigma=\frac{F}{A}=\frac{F}{bd} \tag{12-1}$$

式中，σ 为拉伸应力，Pa；F 为所测的对应负荷，N；A 为试样的原始横截面积，m^2；b 和 d 分别为试样的宽度和厚度，m。

应变是试样受力后发生的相对变形，可用式(12-2) 计算：

$$\varepsilon=\frac{L-L_0}{L_0}\times 100\% \tag{12-2}$$

式中，ε 为拉伸应变，用无量纲的百分数（%）表示；L_0 和 L 分别为试样的原始标距和拉伸过程中测得的与负荷对应的标距，m。试样的弹性模量（杨氏模量）可以由应力-应变曲线初始直线部分的斜率计算得到

$$E=\frac{\sigma}{\varepsilon} \tag{12-3}$$

式中，E 为弹性模量（杨氏模量），Pa。

12.3.2 聚合物的典型应力-应变曲线

应力-应变曲线一般分弹性形变区和塑性形变区两部分。在弹性形变区域，应力与应变呈线性关系，符合胡克定律，且该弹性变形在外力去掉之后可以完全回复。在塑性

形变区，应力和应变增加不再成正比关系，形变是不可逆的塑性形变。

在等速拉伸时，无定形高聚物在玻璃化转变温度以下几十度的温度范围内的典型应力-应变曲线见图 12-2。

A 点为弹性极限，σ_a 为弹性（比例）极限强度，ε_a 为弹性极限伸长率。由 O 到 A 点发生弹性变形，应力-应变曲线为一直线，应力-应变关系遵循胡克定律 $\sigma=E\varepsilon$，直线斜率 E 称为弹性（杨氏）模量。这段线性区对应的应变一般只有百分之几。从微观角度看，这种高模量、小变形的弹性行为是由高分子的键长和键角变化引起的。Y 点为屈服点，对应的 σ_y 和 ε_y 称为屈服强度和屈服伸长率。屈服之后，YC 段为应变软化，应力减小应变增加。随后，CD 为冷拉，此时试样在不增加应力或者应力增加不大的情况下发生很大的应变（甚至可能有百分之几百）。屈服点之后的大形变称为强迫高弹形变，即在外力作用下，处于玻璃态的被冻结的链段在大外力的作用下被迫开始运动，高分子的分子链舒展产生大形变。由于聚合物处于玻璃态，即使外力除去后，也不能自发回复。当温度升高到玻璃化转变温度以上时，链段运动解冻，在熵增原理的驱动下，分子链蜷曲，形变回复。D 点之后继续拉伸，分子链在应力作用下充分伸展发生取向排列，材料强度增加，应变的发生需要更大的力，因此应力逐渐上升，变现为应变硬化，直到 B 点断裂。B 点的 σ_b 和 ε_b 称为材料的断裂强度和断裂伸长率。材料的断裂强度可大于或小于屈服强度，视不同材料而定。断裂发生在屈服点之前的称为脆性断裂，断裂发生在屈服点之后的称为韧性断裂。

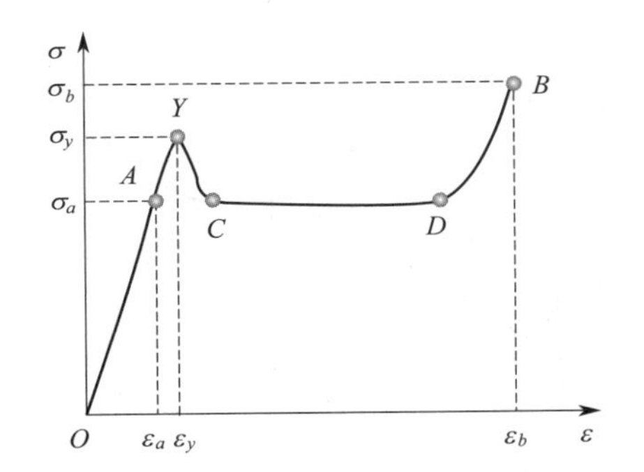

图 12-2　无定形高聚物的典型应力-应变曲线

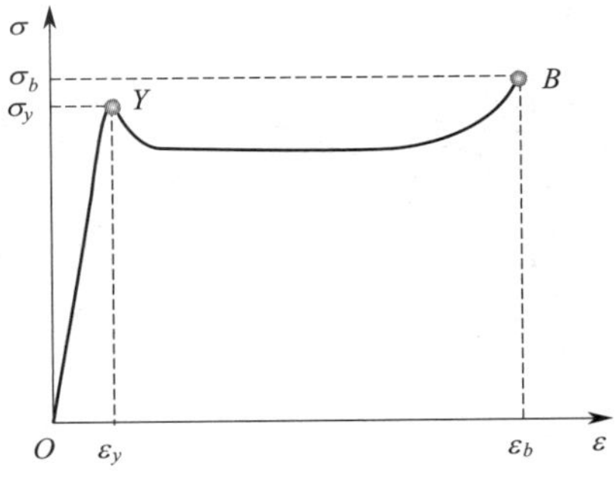

图 12-3　结晶高聚物的典型应力-应变曲线

在等速拉伸时，结晶高聚物的典型应力-应变曲线如图 12-3 所示，它比无定形聚合物的典型应力-应变曲线具有更为明显的转折，整个曲线可分为三段。第一段应力随应变线性增加，试样被均匀地拉长，伸长率可达百分之几到百分之几十。Y 点屈服后，试样的截面突然变得不均匀，出现一个或者几个“细颈”，由此进入第二个阶段。细颈与非细颈部分的横截面积保持不变，细颈部分不断扩展，直至扩展至整个试样。这个过程应力保持不变，应变不断增加。屈服点之后的大应变伴随着分子链在外力作用下的取向，也称为冷拉。结晶聚合物中存在晶区和非晶区，在拉伸的过程中晶区和非晶区都会有形变。结晶聚合物中在大形变过程中会发生微晶的重排，甚至某些晶体可能会破裂为较小的单位，然后在取向的情况下再结晶。拉伸后的材料在熔点下不易回复到取向状态，只有加热到熔点附近才能回复到未拉伸状态。因此，结晶聚合物的大形变，本质上也是高弹形变，只是形变产生的结晶仍处于冻结状态。相对于无定形聚合物的大形变只发生分子链的取向，晶态聚合物的拉伸大形变发生了凝聚态结构的变化，即发生了相变，包括结晶的破坏、取向和再结晶过程。第三个阶段是成颈后试样重新被均匀拉伸，应力又随应变的增加而增大，直到断裂。

12.3.3 聚合物的典型应力-应变曲线的影响因素

由于聚合物具有不同层次的运动单元，且各运动单元的运动都具有温度和时间依赖性，其应力-应变行为明显受到外界条件（如温度、湿度、拉伸速率等）的影响。

温度不同，聚合物处于不同的力学状态（如玻璃态、高弹态和黏流态），其应力-应变曲线的形状不同。无定形聚合物在不同温度下的应力-应变曲线如图 12-4 所示。总的来说，温度越高，材料变得越软越韧，断裂强度下降，断裂伸长率增加；温度越低，材料变得越硬越脆，断裂强度增加，断裂伸长率下降。

同一聚合物，在一定的温度和不同的拉伸速率下，应力-应变曲线的形状也不同，无定形聚合物在不同的拉伸速率下的应力-应变曲线如图 12-5 所示。拉伸速率越高，聚合物的模量增加，屈服应力、断裂强度增加，断裂伸长率变小；拉伸速率越低，聚合物的模量减小，屈服应力、断裂强度减小，断裂伸长率变大。在拉伸实验中，增加应变速率和降低温度的效应是类似的。硬而脆的聚合物对拉伸速率比较敏感，一般采用较低的拉伸速率。韧性塑料对拉伸速率的敏感性小，一般采用较高的拉伸速率，以缩短实验周期，提高效率。

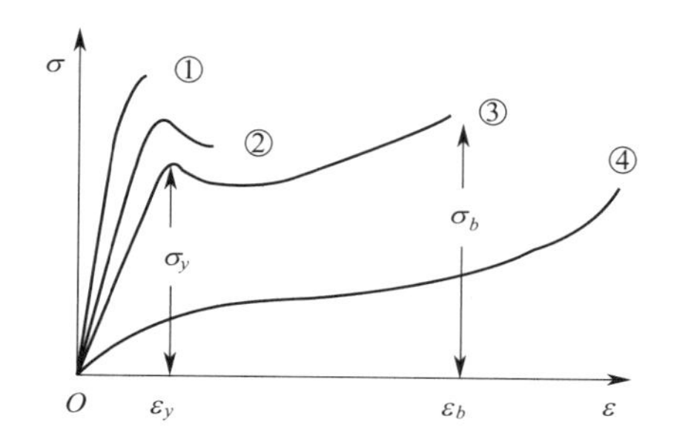

图 12-4 无定形聚合物在不同温度下的应力-应变曲线

①～④，温度逐渐升高

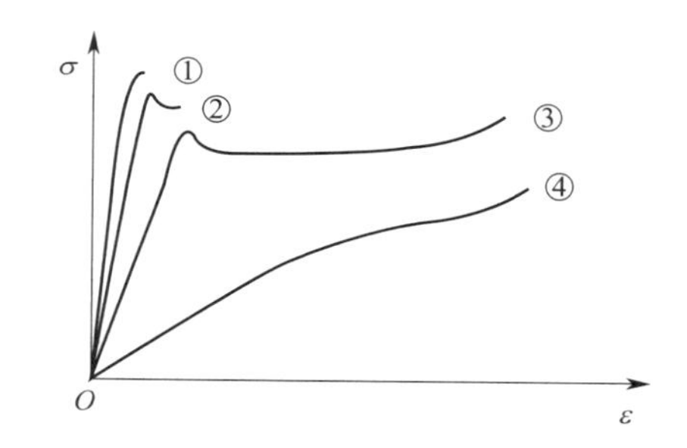

图 12-5 无定形聚合物在不同拉伸速率下的应力-应变曲线

①～④，拉伸速率逐渐降低

因此，为了方便比较聚合物的拉伸性能，聚合物的拉伸试验一般在规定的温度、湿度以及拉伸速率下进行。不同品种的聚合物可根据国家标准规定的试验速率范围选择合适的拉伸速率进行实验。对于塑料的拉伸测试一般参照国家标准 GB/T 1040《塑料 拉伸性能的测定》进行。该标准包含五部分，分别是总则（规定了在规定条件下测定塑料和复合材料拉伸性能的一般原则和不同形状的试样用于不同类型的材料）、模塑和挤塑塑料的试验条件、薄膜和薄片的试验条件、各向同性和正交各向异性纤维增强复合材料的试验条件、单向纤维增强复合材料的试验条件。

12.3.4 常见的聚合物的应力-应变曲线类型

聚合物种类繁多，它们在室温和通常拉伸速率下的应力-应变曲线呈现出不同的情况。根据拉伸过程中模量大小、屈服强度大小、伸长率大小和断裂情况，Carswell 和 Nason 将常见聚合物的应力-应变曲线大致分为五种类型，即硬而脆、硬而强、强而韧、软而韧和软而弱，如图 12-6 所示。

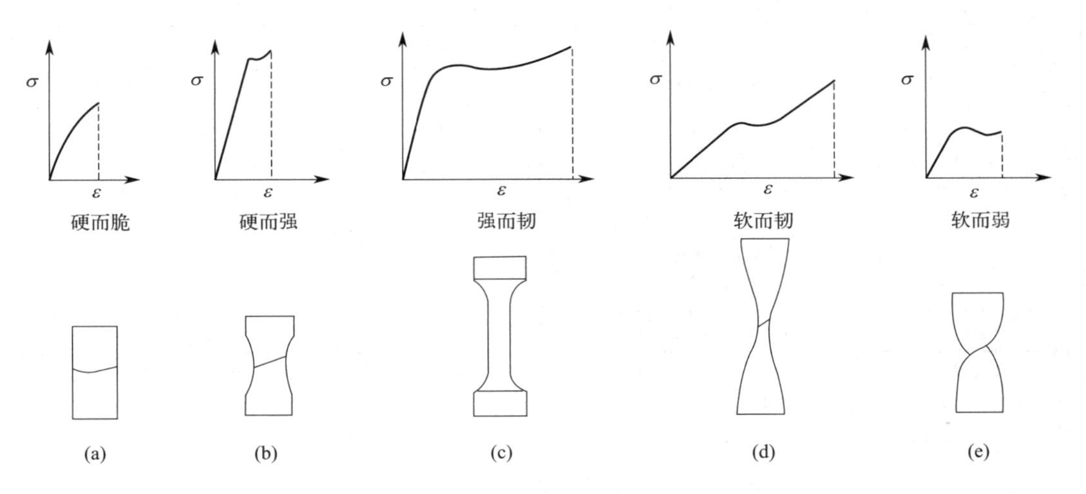

图 12-6　聚合物的五种类型应力-应变曲线

12.4　设备与材料

（1）设备

电子拉力试验机和游标卡尺。

任何满足试验要求的，具有多种拉伸速率的拉力试验机均可使用，本实验采用的是高铁检测仪器有限公司生产的型号为 AI-7000M 的电子拉力试验机。

（2）材料

① 形状和尺寸。采用国家标准 GB/T 1040.2—2022《塑料 拉伸性能的测定 第 2 部分：模塑和挤塑塑料的试验条件》中规定使用的哑铃形试样。如图 12-7 所示，直接模塑的多用途试样选用 1A 型，机加工试样应选用 1B 型，压塑试样也可以选用 1A 型。试样的尺寸见表 12-1。本实验采用的是 1A 型试样。

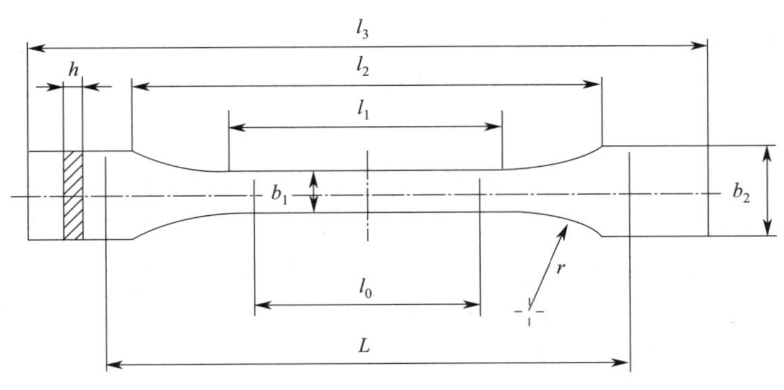

图 12-7　1A 型和 1B 型试样

表 12-1 1A 型和 1B 型试样的尺寸　　单位：mm

试样类型		1A	1B
l_3	总长度①	170	≥150
l_1	窄平行部分的长度	80.0±2	60.0±0.5
r	半径	24±1	60.0±0.5
l_2	宽平行部分的距离②	109.3±3.2	108.0±1.6
b_2	端部宽度	20.0±0.2	
b_1	窄部分宽度	10.0±0.2	
h	优选厚度	40.0±0.2	
L_0	标距(优选) 标距(质量控制或规范时)	75.0±0.5 50.0±0.5	50.0±0.5
L	夹具间的初始距离	115.0±1	

① 1A 型试样推荐总长度为 170mm，符合 GB/T 17037.1 和 ISO 10724-1 要求。对某些材料需要延长柄端长度（如 $l_3=200$mm），以防止在试验机夹具内断裂或滑动。

② $l_2=l_1+[4r(b_2-b_1)-(b_2-b_1)^2]^{1/2}$。

由 l_1、r、b_1 和 b_2 获得的结果应在规定的允差范围内。

② 试样的制备与检查。参照国标或相关标准以适宜的方法由塑料直接注塑或压塑制备试样，或由混配料压塑或注塑的板材加工，或从浇铸或挤出板（片材料）获得。严格按照试样制备条件进行，确保试样处于相同状态。

试样应无扭曲，相邻的平面应相互垂直，表面和边缘应无划痕、空洞、凹陷和毛刺。应去除模塑试样存在的毛刺，但不应损伤模塑表面。为使试样符合这些要求，应把其紧贴在直尺、三角尺或平板上，用目视观测或用微卡尺对试样进行测量检查。经检查发现试样有一项或几项不符合要求时应舍弃。

本实验采用的是直接注塑成型的哑铃状试样。所采用的材料主要为 PP、PE、PA66 和 ABS 树脂及其复合材料等。

③ 试样的数量。每个受试方向的试样数量最少为五个。在夹具内断裂或打滑的哑铃形试样应废弃并另取试样重新试验。

12.5 实验步骤

（1）试验环境

实验应在一定的温度和湿度范围下进行，具体可以参照 GB/T 2918—2018《塑料试样状态调节和试验的标准环境》。该标准规定的优选标准环境为温度（23±1)℃，湿度（50±5)%（称为 23/50 环境）。如果温度和湿度对所测性能没有影响或者可以忽略不计，则不必控制温度和相对湿度。试验前应将试样放置在测试环境中进行状态调节。状态调节时间可参考材料的相关规定，如果没有适用的标准规定调节时间，对于 23/50 环境的状态调整时间不少于 88h。应保证试验环境条件与状态调整环境条件相同。

（2）测定试样的尺寸

标距（L_0）为试样中间部分两标线之间的初始距离。在试样中间平行部分做标线以示明标距。用游标卡尺在每个试样中部距离标距每端 5mm 以内测量并记录宽度和厚度的最大值和最小值（精确至 0.01mm），并确保其在相应材料标准的允差范围内，试样的横截面积由所测量的宽度和厚度的平均值来计算。

（3）夹持试样

将试样放到夹具中，务必使试样的长轴线与试验机的轴线在一条直线上。平稳而牢固地夹紧夹具，以防止试验中试样滑移和夹具移动。夹持力要适中，不应导致试样破裂或挤压。试样在试验前应处于基本不受力的状态。

（4）试验速度

选定试验速度，进行试验。国家标准 GB/T 1040.1—2018 中推荐的试验速度（mm/min）为：0.125、0.25、0.5、1、2、5、10，以上试验速度的允差为±20%；20、50、100、200、300、500，以上试验速度的允差为±10%。

注意：根据国家标准，在测定弹性（拉伸）模量（应力-应变曲线上应变在 0.05%～0.25%之间的斜率）时，1A 型和 1B 型试样的试验速度应为 1mm/min，对应的应变速率约为 1%/min。

（5）拉伸试样

在电脑程序界面上将载荷和位移同时清零，按开始按钮启动拉力试验机，进行试验，电脑自动记录载荷-形变曲线。试样断裂后，拉伸停止，夹具自动返回至试验初始位置。若试样断裂在标线之外的部位时，此试样作废，另取试样补做。

重复步骤(2)～(5)，试验其余 4 个试样。变换拉伸速率，每种速率下重复 2～6 次。

12.6　数据记录与处理

（1）实验记录

试样名称：________________；试样类型：________________；

试样制备方法：________________；拉伸速率：________________；

温度：________________；湿度：________________；

实验时间：________________。

试样编号	试样尺寸								
	厚度 d/mm				宽度 b/mm				面积 bd/mm^2
	1	2	3	平均 d	1	2	3	平均 b	
1									
2									
3									
4									
5									

（2）数据处理

拉伸过程中，电脑自动记录试样所承受的负荷及与之对应的标线间或夹具间距离的增量。导出电脑记录的数据，根据试样尺寸将其转换为应力和应变，计算实验结果的算术平均值。应力和拉伸模量保留三位有效数字，应变保留两位有效数字。

试样编号	最大载荷 F /N	拉伸强度 /MPa	拉伸强度平均值 /MPa	断裂载荷 F /N	断裂强度 /MPa	断裂强度平均值 /MPa	原始标距 /mm	断裂时标距 /mm	断裂伸长率 /%	断裂伸长率平均值 /%
1										
2										
3										
4										
5										

利用 Origin 作图，得到应力-应变曲线，根据曲线得到拉伸模量、拉伸强度、断裂强度和断裂伸长率等力学参数。绘制不同拉伸速率下的应力-应变曲线，比较力学性能。

拉伸强度或拉伸断裂应力或拉伸屈服应力（MPa）：

$$\sigma=\frac{F}{bd} \tag{12-4}$$

式中，F 为最大载荷或断裂载荷或屈服载荷；b 和 d 分别为试样工作部分的宽度和厚度。

思考题

① 比较不同拉伸速率下的力学性质，举例说明拉伸速率对试验结果有何影响。

② 如何比较不同聚合物材料的力学性能？

③ 在拉伸试验过程中，如何测定拉伸模量（在什么试验条件下进行测定）？

④ 试样数为什么至少是 5 个？

⑤ 下表是某同学的实验数据，请分析为什么同样的材料会产生如此大的性能差别。

实验日期	拉伸强度/MPa	断裂伸长率/%
4 月 23 日	15.5±0.5	15±3
8 月 4 日	7.2±0.8	125±10

材料名称：聚醋酸乙烯酯；材料基本性质：熔融指数 5.0g/10min；T_g 28℃；拉伸速率 10mm/min。

实验 13　高分子材料的力学性能实验（2）——塑料材料的弯曲性能

13.1　实验背景

塑料及其复合材料在实际应用的过程中经常作为结构件使用，大多要承受弯曲应力的作用。因此，弯曲强度和弯曲模量是高分子材料加工和产品设计必须考虑的性能指标。材料的弯曲性能反映了其在使用过程中发生弯曲破裂的可能性。不同于拉伸性能和冲击性能，弯曲性能作为反映塑料及其复合材料能否应用在弯曲应力场中的基本力学性能之一，需要通过弯曲性能测试来表征。明确材料的弯曲性能，尤其是最大弯曲应力，能够为材料的设计和应用提供指导，保证材料在使用中不发生破坏。

塑料及其复合材料的弯曲性能测试可参照国家标准 GB/T 9341—2008《塑料 弯曲性能的测定》或国际标准 ISO 178—2019《塑料弯曲性能的测定》执行。GB/T 9341—2008 中规定了在规定条件下测定硬质和半硬质塑料弯曲性能的方法。

13.2　实验目的

① 掌握聚合物材料弯曲强度的意义和测试原理。

② 熟悉电子万能试验机的工作原理和使用方法。

③ 掌握静态三点弯曲法测试硬质或半硬质塑料及其复合材料弯曲性能的试验方法。

④ 了解测试条件对测试结果的影响。

⑤ 了解塑料弯曲性能测试相关的国家标准和国际标准。

13.3　实验原理

弯曲是试样在弯曲应力作用下产生的形变行为。目前常用的弯曲性能测试方法为静态三点弯曲法，如图 13-1 所示。其基本工作原理为：用两个支座将规定形状和尺寸的试样支撑住，将试样支撑为横梁，用压头在试样跨度中心加压，使试样在跨度中心以恒定的速度弯曲，直到试样断裂或形变达到预定值，测量弯曲过程中对试样施加的载荷（F）和试样跨度中心的顶面或底面偏离原始位置的距离（挠度，s）。试验过程中试样两端自由支撑、中央加负荷，因此又称为三点加荷试验。弯曲负载所产生的应力是分别对应于试样中心轴两侧的压缩应力和拉伸应力的综合。表征弯曲形变行为的指标有弯曲应力、挠度、弯曲应变、弯曲模量和弯曲强度等。

弯曲应力（σ_f）为试样跨度中心外表面的正压力（Pa），可由下式计算得到：

$$\sigma_f = \frac{3FL}{2bd^2} \tag{13-1}$$

式中，F 为施加的力，N；L 为试样的跨度，m；b 为试样的宽度，m；d 为试样的厚度，m。

弯曲应变（ε_f）为试样跨度中心外表面上单元长度的微量变化，为无量纲的比或百分数（%），可由弯曲过程中测量的物理量挠度经下式计算得到：

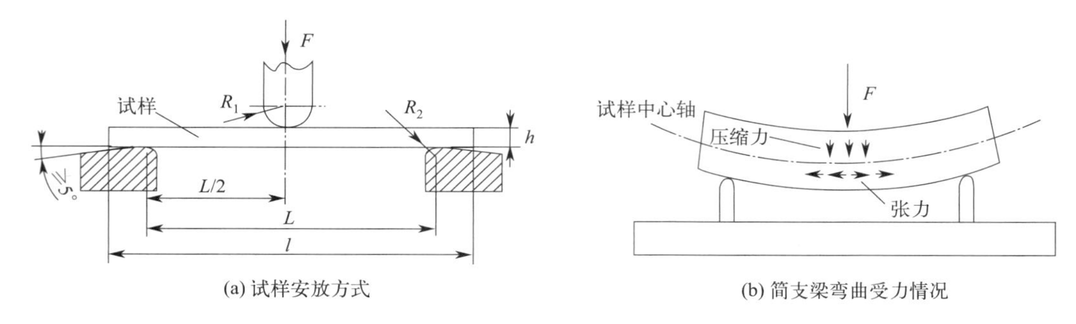

图 13-1　三点弯曲试验

l—试样长度；L—支座间跨距长度；R_1—压头半径；R_2—支座半径；h—试样厚度

$$\varepsilon_f = \frac{6sh}{L^2} \tag{13-2}$$

式中，s 为挠度，即弯曲过程中试样跨度中心的顶面或底面偏离原始位置的距离，m。

弯曲弹性模量或弯曲模量（E_f）：应力差与对应的应变差之比，Pa。可由下式计算得到：

$$E_f = \frac{\sigma_{f2} - \sigma_{f1}}{\varepsilon_{f2} - \varepsilon_{f1}} \tag{13-3}$$

式中，弯曲应变 ε_{f1} 和 ε_{f2} 根据国标规定分别为 0.0005 和 0.0025，由式(13-2) 可以计算得到对应的挠度s_1 和s_2；σ_{f1} 和σ_{f2} 为与挠度s_1 和s_2 相对应的弯曲应力。

注意：所有弯曲性能的公式仅在线性应力-应变行为时才是精确的，其弯曲性能才能作为工程设计的依据。因此，对于大多数塑料，仅在小挠度时才是精确的。

其他弯曲性能相关的基本概念：断裂弯曲应力（σ_{fB}）是试样断裂时的弯曲应力，Pa；断裂弯曲应变（ε_{fB}）指试样断裂时的弯曲应变，为无量纲的比或百分数（%）；弯曲强度（σ_{fM}）是指试样在弯曲过程中所承受的最大弯曲应力，Pa；弯曲强度下的弯曲应变（ε_{fM}）是指最大弯曲应力时的弯曲应变，为无量纲的比或百分数；规定挠度（s_C）为试样厚度 h 的 1.5 倍，mm；规定挠度时的弯曲应力（σ_{fC}）指达到规定挠度（s_C）时的弯曲应力，Pa；弯曲应力随弯曲应变和挠度变化的典型曲线如图 13-2 所示。

弯曲性能测试的影响因素主要有以下几个方面：

① 试样的尺寸。弯曲强度和挠度与试样的厚度和宽度有关。

② 试样的跨度。跨厚比越大，材料所受剪切力越低。因此，增加跨厚比可以减小剪切力，使三点弯曲更接近纯弯曲。

③ 加载压头半径和支座表面半径。加载压头半径越小，试样引起的剪切力越大而影响弯曲强度。支座表面半径会影响试样跨度的准确性。

④ 应变速率。应变速率越低，其弯曲强度越低。

⑤ 试验温度。对于同一种材料来说，试验温度越高，聚合物发生软化和塑性变形的可能性越大，导致测试中出现更大的挠度和更低的弯曲强度。

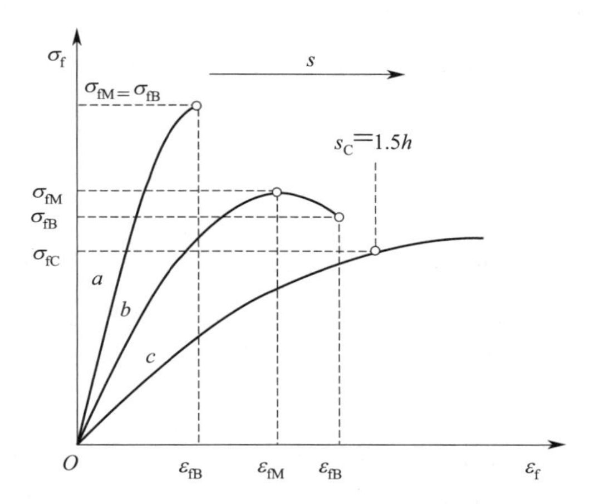

图 13-2　弯曲应力随弯曲应变和挠度变化的典型曲线

曲线 a—试样在屈服前断裂；曲线 b—试样在规定挠度 s_C 前显示最大值后断裂；

曲线 c—试样在规定挠度 s_C 前既不屈服也不断裂

13.4　设备与材料

（1）设备

电子拉力试验机和游标卡尺。

任何满足试验要求的，具有多种试验速率的拉力试验机均可使用，本实验采用的是高铁检测仪器有限公司生产的型号为 AI-7000M 的电子拉力试验机。

（2）材料

① 形状和尺寸。用不同尺寸和不同条件制备的试样进行试验，结果是不可比的。试样采用国家标准 GB/T 9341—2008《塑料 弯曲性能的测定》所推荐的形状和尺寸：长度为（80±2）mm、宽度为（10±0.2）mm、厚度为（4±0.2）mm。试样截面应是矩形且无倒角。对于任一试样，其中部 1/3 的长度内各处厚度与厚度平均值的偏差不应大于 2%，宽度与平均值的偏差不应大于 3%。

② 制备与检查。参照国标或相关标准以适宜的方法由塑料直接注塑或模压试样，或从片材上机加工制取。试样不可扭曲，相对的表面应互相平行，相邻的表面应相互垂直。所有的表面和边缘应无刮痕、麻点、凹陷和飞边。借助直尺、规尺和平板，目视检查试样是否符合上述要求，并用游标卡尺测量。经检查发现试样有一项或几项不符合要求时应舍弃。

③ 数量。每个受试方向的试样数量最少为五个。在跨度中部 1/3 外断裂的试样应废弃并另取试样重新试验。

13.5　实验步骤

（1）试验环境

试验应在一定的温度和湿度范围下进行，具体可以参照 GB/T 2918—2018《塑料 试样状态调节和试验的标准环境》。该标准规定的优选标准环境为温度（23±1)℃，湿度（50±5）%（称为23/50环境）。试验前应将试样放置在测试环境中进行状态调节。状态调节时间可参考材料的相关规定，如果没有适用的标准规定调节时间，对于23/50环境的状态调整时间不少于88h。应保证试验环境条件与状态调整环境条件相同。

（2）试验条件设置

打开电源开关，启动试验机，预热30min；启动计算机，打开测试软件。由实验指导教师完成试验机的调校标定。指导学生完成“试样编号”“试样设定”“试样参数”“测试项目”等相关参数的设置。

（3）测定试样的尺寸

试样中部1/3长度内任取3个点测定试样的宽度（b）和厚度（h），取算术平均值。宽度精确到0.1mm；厚度精确到0.01mm，确保其在相应材料标准的允差范围内。

（4）调节试验机支座之间的跨度

跨度（L）按照试样厚度（h）的（16±1）倍来调节。调整好后对跨度进行测量，精确到0.5%。对于软性的热塑性塑料，为避免支座卡入试样，可用较大的倍数；对于很薄的试样，为适应试验机的能力，可用较小的倍数；对于很厚且单向纤维增强的试样，为避免因剪切而分层，可以用较大的倍数。

（5）装夹试样

将试样对称地放在两个支座上，调节压头至刚好与试样接触。压头与试样应是线接触，并保证接触线垂直于试样的长度方向。接触线应位于跨度的中心。

（6）施加预应力

为避免应力-应变曲线的起始部分出现弯曲，试验前有必要对试样施加预应力，且试样不应过分受力。

（7）试验速度

受试材料标准的规定设置试验速度。若无相关标准，则在国家标准GB/T 9341—2008中规定的速度（mm/min）中选择：1、2、5、10、20、50、100、200、500。选择的试验速度尽可能使应变速率接近1%/min。对于国标推荐的尺寸和形状的试样，给定的试验速度为2mm/min。对于厚度在1～3.5mm之间的试样，用最低速度。

（8）弯曲试验

在电脑程序界面上将载荷和位移同时清零，按开始按钮启动弯曲试验，直到试样断裂为止，观察弯曲过程中的变形特征。试样断裂后，按下停止键，该试样的弯曲测试结束。若试样断裂在跨度中部1/3区域外，则此试样作废，另取试样补做。电脑程序自动记录试验过程中施加的力和相应的挠度，由此可以得到完整的弯曲应力-应变曲线。试验过程中，不要远离试验机。重复3～8次，试验其余4个试样。

（9）结果分析

点击测试软件主界面“试验分析”，进入曲线分析界面，进行结果分析，得到相关的实验数据。

13.6　数据记录与处理

（1）实验记录

试样名称：____________；试样类型：____________；

试样制备方法：____________；仪器型号：____________；

试验（横梁）速率：____________；温度：____________；

湿度：____________；实验时间：____________。

试样编号	试样尺寸								
	厚度 d/mm				宽度 b/mm				面积 bd/mm^2
	1	2	3	平均 d	1	2	3	平均 b	
1									
2									
3									
4									
5									

（2）数据处理

弯曲试验过程中自动记录试验过程中施加的载荷（F）和相应的挠度（s）。各个试样的弯曲强度、弯曲模量、弯曲应变和挠度等可以通过上文提到的公式进行计算。

将数据从电脑中导出，利用 Origin 作图，得到每个试样的弯曲应力-应变曲线；根据曲线得到弯曲强度、弯曲应变等完整弯曲性能参数。对各个试样的性能参数取平均值；对于计算结果，应力和模量保留 3 位有效数字，挠度保留 2 位有效数字。

试样编号	最大载荷 F/N	弯曲强度 σ_{fM}/MPa	平均 σ_{fM}/MPa	断裂弯曲应力 σ_{fB}/MPa	平均 σ_{fB}/MPa	跨度 L/mm	弯曲弹性模量 E_f/MPa	平均 E_f/MPa
1								
2								
3								
4								
5								

思考题

① 试样的尺寸对弯曲强度和弯曲模量有何影响？

② 弯曲试验过程中，试验机直接记录的是哪两个物理量？如何从这两个物理量得到弯曲应力-应变曲线？

③ 在弯曲试验中，如何测定和计算试样的弯曲模量？

实验 14 高分子材料的力学性能实验 (3) ——塑料材料的冲击性能

14.1 实验背景

高分子材料在实际应用过程中时常会受到冲击力的作用，即在极短的时间内承受巨大的负荷或变形。冲击强度（抗冲强度）是衡量高分子材料韧性的一个非常重要的力学性能指标，反映了材料抵抗冲击破坏的能力。冲击强度越小，则韧性越差，材料表现出明显的脆性。

冲击试验是对聚合物试样施加一次性冲击负荷使其破坏，冲击强度则是指试样单位截面积上所吸收的能量。通过冲击试验可以对聚合物在冲击负荷下抵抗冲击的能力进行评估或对聚合物的脆性和韧性程度进行判断。由于分子结构和加工成型工艺的不同，聚合物的冲击性能差异较大。近年来，对高分子进行增韧改性提高材料的抗冲击性能已经成为高分子材料改性的一个重要研究方向。另外，利用高速冲击的能量进行冲击试验，可以用来模拟材料在实际应用场景中的冲击情况，对材料的实际应用有很好的参考价值。因此，冲击强度的测量在科学研究和工程应用中都是不可缺少的。

高分子材料的冲击性能测试可以参照国家标准 GB/T 1043《塑料 简支梁冲击性能的测定》和 GB/T 1843《塑料 悬臂梁冲击强度的测定》或对应的国际标准 ISO 179《塑料 简支梁冲击性能的测定》和 ISO 180《塑料 悬臂梁冲击强度的测定》进行。

14.2 实验目的

① 理解聚合物材料冲击强度的意义和测试原理；

② 熟悉冲击试验机的工作原理和使用方法；

③ 掌握聚合物材料冲击强度的试验方法；

④ 了解测试条件对测试结果的影响；

⑤ 了解聚合物冲击性能测试的相关国家标准和国际标准。

14.3 实验原理

冲击强度通常定义为试样在冲击载荷 A 的作用下折断或折裂时单位截面积所吸收的能量，即

$$\sigma_{\mathrm{i}}=\frac{A}{bd}\times 1000 \tag{14-1}$$

式中，σ_{i} 为冲击强度，kJ/m^2；A 为冲断试样所消耗的功，J；b 和 d 分别为试样的宽度和厚度，mm。

冲击性能的测试方法有很多，目前应用比较广泛的有三类：摆锤式冲击试验、落重式冲击试验和高速拉伸冲击试验。冲击试验方法根据材料类型和用途进行选择。不同冲击试验方法中试样的受力形式和几何形状是不同的。因此，各种冲击试验的结果是不同的，且不能相互比较。而且，用给定方法测定的冲击强度也不是材料常数，它与试样的几何形状和尺寸有很大关系，薄的试样一般比厚的试样有较高

的冲击强度。

摆锤式冲击试验方法简单易行，在控制产品质量和比较产品韧性时是一种经常使用的测试方法。根据试样的安放方法，摆锤式冲击试验又分为简支梁式（Charpy 法）和悬臂梁式（Izod 法）。如图 14-1 所示，前者试样的两端被支撑，摆锤冲击试样的中部使其断裂；后者试样的一端被固定，摆锤冲击自由端使其折断。两者的试样都可分为有缺口和无缺口两种。有缺口的冲击试验是模拟材料在恶劣环境下受冲击的情况，目的是使缺口处的面积大为减小，受冲击时试样断裂一定发生在这一薄弱处，所有的冲击能量都在此局部区域吸收，从而提高试验的准确性。

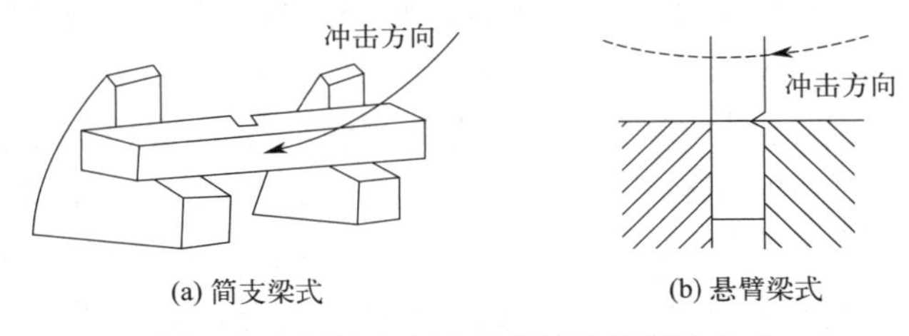

图 14-1　摆锤冲击试验中试样的安放方式

国内对塑料冲击强度的测定一般采用简支梁式摆锤式冲击试验。试验使用的是摆锤式冲击试验机，通过三点支撑对有缺口或无缺口的简支梁试样进行冲击。冲击试验时，摆锤从垂直位置挂于机架扬臂上，把扬臂提升一扬角 α，摆锤就获得了一定的位能。释放摆锤，让其自由落下，将放于支架上的样条冲断，这个过程消耗了摆锤的冲击能量（A）并使摆锤的速度大大减小。摆锤的剩余能量使摆锤继续升高到一定高度，β 为其升角。

若以 W 表示摆锤的质量，l 表示摆锤杆的长度，则摆锤初始能量（位能）为

$$A_0 = Wl(1-\cos\alpha) \tag{14-2}$$

当摆锤运动到升角 β 时，根据能量守恒定律，则有

$$A_0 = Wl(1-\cos\beta) + A + A_\alpha + A_\beta + \frac{1}{2}mv^2 \tag{14-3}$$

式中，$Wl(1-\cos\beta)$为摆锤在 β 角度时的位能；A 为冲断试样所消耗的功（对有缺口试样，d 为除去缺口部分所余的厚度）；A_α 和 A_β 分别为摆锤在 α 和 β 角度内运动时克服空气阻力所消耗的功；$\frac{1}{2}mv^2$ 为冲断飞出的试样的动能，称为飞出功。通常，式（14-3）中的最后三项忽略不计，则可简单地把试样断裂时所消耗的功（A）表示为：

$$A = Wl(\cos\beta - \cos\alpha) \tag{14-4}$$

因此，对于一固定的仪器，W、l 和 α 均已知，只需要从刻度盘读出 β 就可以算出 A，或者根据式(14-4) 直接绘制出 A 的读数盘。实际上，飞出功部分因试样情况和试验仪器情况不同而有较大差别，有时甚至占 A 的 50%。飞出功与冲断飞出试样的质量和速度有关。一般来说，脆性材料要比韧性材料的飞出功大，厚样品要比薄样品的飞出功大。因此，不同测试情况下测定的数据难以进行定量比较，只适合同一种材料在同样

测试条件下的比较。

表面上看，试样受到冲击负荷产生断裂所吸收的能量与冲击作用面积相关；而实际上所吸收的能量与试样中吸收冲击能的体积密切相关。如果高分子试样在一定的负荷（屈服强度）下产生链段运动（强迫高弹形变），参与承受外力冲击的链段数增加，即参与吸收冲击能量的体积增加，那么它的冲击强度就会增加。

脆性材料一般多为劈面式断裂，参与承受冲击负荷的体积较小；韧性材料多为不规整断裂，断口附近会发白，参与承受负荷的体积较大。如果韧性材料在冲击后不断裂，但已破坏，则抗冲强度以“不断”表示。

通常冲击性能试验对聚合物材料的缺陷很敏感，且影响因素也很多：

（1）试验温度的影响

温度的高低决定了聚合物不同层次运动单元的松弛时间和聚合物的力学状态。温度越高，分子运动的松弛时间越短，冲击强度越高；相反，温度越低，分子运动的松弛时间越长，能够对冲击作出响应的运动单元越少，吸收的能量越少，冲击强度越低，材料的脆性也就越大。当然，不同分子结构的聚合物，其冲击性能对温度的依赖性也不同。

（2）环境湿度的影响

对于部分吸湿性比较明显聚合物，被吸收后的水分在聚合物中起到增塑剂和润滑剂的作用，能够显著提高分子链（链段）的活动能力，大大提高材料的冲击强度。如尼龙塑料，特别是 PA6 和 PA66 等在湿度较大的情况下，其冲击强度也就是韧性会大大增加，而在绝干条件下其冲击韧性几乎完全丧失。

（3）试样几何尺寸、缺口大小和形状的影响

用同一成型条件的塑料在做冲击试验时只有在同一跨度上且试样厚度相同的情况下，测试结果才能相互比较。因此标准试验方法中对试样的厚度、跨度及缺口半径等都进行了规定。缺口半径越小，缺口越尖锐，应力越集中，冲击强度也就越低。另外，由于冲击试验在高速下进行，试样中存在的气泡、杂质及微小裂纹等缺陷对试验结果影响极大。试验前应该对试样情况进行观察，弃用存在明显缺陷的试样。

14.4 设备与材料

（1）设备

摆锤式冲击试验机和游标卡尺。

摆锤式冲击试验机的原理、特性和检定方法可以参考 GB/T 21189—2007《塑料简支梁、悬臂梁和拉伸冲击试验用摆锤冲击试验机的检验》。

（2）材料

对于不同类型的高分子材料，试样的类型及尺寸和缺口的类型及尺寸有不同的规定，具体参照 GB/T 1043.1—2008 执行。

本实验采用的是 PE、PP、PS 或 PVC 高分子材料的模塑或挤塑试样。试样的长度为（80±2）mm、宽度为（10±0.2）mm、厚度为（4±0.2）mm，跨距为 62mm。试样可以采用无缺口试样或有缺口试样。有缺口试样优选标准中的 A 型缺口：缺口底部

半径为（0.25±0.05）mm，缺口底部剩余宽度为（8.0±0.2）mm，且缺口处不应有裂纹。

除受试材料标准另有规定，一组试验至少包含10个试样。试样应无扭曲，相对的表面应互相平行，相邻的表面应互相垂直。表面和边缘无划痕、麻点、凹痕和飞边。借助直尺、矩尺和平板目视检查试样，并用千分尺测量是否符合尺寸要求。观察和测量的试样有不符合要求的，应剔除该试样。

14.5 实验步骤

（1）试验环境

除受试材料标准另有规定，试样应参照GB/T 2918—2018《塑料 试样状态调节和试验的标准环境》规定的优选标准环境为温度（23±1）℃、湿度（50±5）%（称为23/50环境）下进行状态调节16h以上，并在与状态调节相同的环境下进行冲击试验。

（2）测定试样的尺寸

对试样进行编号，测量每个试样中部的厚度和宽度，精确至0.02mm，取平均值。对于缺口试样，应仔细地测量缺口处的剩余宽度，精确至0.02mm。

（3）跨距调节

调节试验机的支座之间的跨距至62mm。

（4）摆锤的选择与安装

确认摆锤冲击试验机能否达到规定的冲击速度，吸收的能量是否在标称能量的10%～80%范围内。符合要求的摆锤不止一个时，应使用具有最大能量的摆锤。

参照GB/T 21189—2007《塑料简支梁、悬臂梁和拉伸冲击试验用摆锤冲击试验机的检验》的规定，测定摩擦损失和修正吸收能量。

（5）冲击测试

将摆锤抬起至规定的高度。将试样放在试验机的支座上，冲刃正对试样的打击中心。对于缺口试样，应确保缺口中央正好位于冲击平面上。释放摆锤，记录试样吸收的冲击能量并对其摩擦损失进行修正。试样不破坏的，不记录冲击能量。

（6）破坏形式记录

对于模塑和挤塑材料，用以下代号命名四种形式的破坏：

C：完全破坏——试样断裂成两片或多片；

H：铰链破坏——试样未完全断裂成两部分，外部仅靠一薄层以铰链的形式连在一起；

P：部分破坏——不符合铰链断裂定义的其他形式的不完全断裂；

N：不破坏：试样未发生断裂，仅弯曲并穿过支座，可能伴有应力发白。

（7）重复步骤（5）、（6），试验其余试样。

（8）注意事项

如果同种材料可以观察到一种以上的破坏类型，须在报告中标明每种破坏类型的平均冲击强度和试样破坏的百分数。不同破坏类型的结果不能相互比较。

14.6 数据记录与处理

（1）实验记录

试样名称：______；试样类型：______；

试样制备方法：______；仪器型号：______；

有无缺口：______；缺口类型：______；

摆锤公称能量______；温度：______；

湿度：______；实验时间：______。

编号		宽度/mm	厚度/mm	破坏类型	冲击能量/J	冲击强度/kJ·m^{-2}
无缺口试样	1					
	2					
	3					
	4					
	……					
缺口试样	1					
	2					
	3					
	4					
	……					

注：缺口试样的宽度应记录剩余宽度。

（2）数据处理

试样的冲击强度按照公式(14-1)进行计算，并将数据记录于上述表格中。注意，对于缺口试样，试样的宽度应该按照剩余宽度来进行计算。对于同种材料的试样，按照破坏类型进行冲击强度的平均值计算并给出相应的试样数量。所有计算结果的平均值均保留两位有效数字。

思考题

① 摆锤式冲击试验机的基本原理是什么？为什么能够从表盘上直接得到试样冲击断裂所吸收的能量？

② 冲击试验得到的试验结果为什么不能相互比较？

③ 聚合物冲击性能的影响因素有哪些？

④ 许多高分子材料具有非常高的抗冲击能力，可用作防弹材料，如超高分子量聚乙烯、Kevlar纤维等，请分析可以采取哪些物理或化学手段提高材料的抗冲击能力。

实验 15　聚合物的蠕变性能试验

15.1　实验背景

黏弹性是高分子材料在外力作用下，产生的非线性应变现象。蠕变是在长时间恒定外力的作用下，材料发生的形变随时间延长而逐渐增加的一种现象，是黏弹性的一种典型表现。该现象广泛存在于自然界的金属材料、无机非金属材料以及有机材料中，它影响着材料在长期使用中的稳定性。尤其是对于高分子材料，由于分子运动的温度与材料的使用温度相差不大，蠕变现象就更为显著，是材料在设计和使用中不得不考虑的一个性能指标。例如，精密的密封零件就不能采用易蠕变材料，而利用蠕变可以开发蠕变型的防水材料。因此，研究蠕变现象，可以获得材料蠕变性能的参数，为材料设计提供依据。

15.2　实验目的

① 通过测定高分子材料的蠕变曲线，理解高分子材料蠕变各阶段对应的分子运动特征。

② 由蠕变曲线求出普弹模量、高弹模量和本体黏度。

③ 理解温度、外力等测试条件对蠕变的影响。

15.3　实验原理

高分子的蠕变是随时间延长而逐渐发展的一种形变。图 15-1 是线形高聚物在玻璃化转变温度以上的蠕变曲线和回复曲线，曲线图上标出了各部分的形变情况。

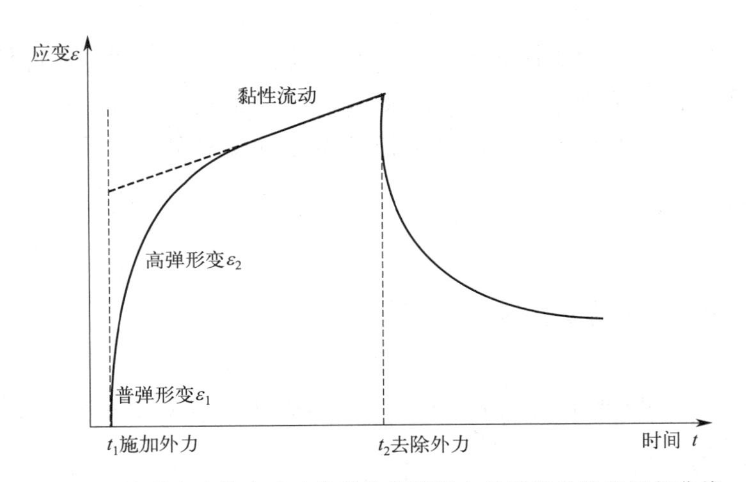

图 15-1　线形高聚物在玻璃化转变温度以上的蠕变曲线和回复曲线

从分子运动和变化的角度来看，蠕变过程包括下面三种形变：当高分子材料受到外力（σ）作用时，分子链内部键长和键角立刻发生变化，这种形变量是很小的，称为普弹形变（ε_1），该形变符合胡克定律，即：

$$\varepsilon_1=\frac{\sigma}{E_1}=J_0\sigma \tag{15-1}$$

式中，E_1 为普弹模量；J_0 为稳态柔量。

随着时间的延长，分子链通过链段运动逐渐伸展发生形变，这部分的形变量大，弹性模量很小，也是可逆形变，称为高弹形变（ε_2）或推迟弹性形变，该形变是时间的函数：

$$\varepsilon_2=\frac{\sigma}{E_2}(1-e^{\frac{-t}{\tau}})=\sigma_0 J_e\varphi(t) \tag{15-2}$$

式中，$\varphi(t)$为弹性松弛函数；J_e 为平衡柔量，即当应力作用时间足够长时，应变趋于平衡；τ 为松弛时间或推迟时间，与链段运动的黏度 η_2 和高弹模量 E_2 有关，$\tau=\eta_2/E_2$；t 为实验观测时间。

如果分子间没有化学交联，线形高分子间会发生相对滑移，是一种不可逆形变，称为黏性流动（ε_3），这种流动与材料的本体黏度（η_3）的关系为：

$$E_3=\frac{\sigma}{\eta_3}t \tag{15-3}$$

由于以上三种分子运动对温度和外力的响应不同，所以材料的蠕变行为在不同的温度和外力作用下也不同。在玻璃化转变温度以下，主要是链段以下单元运动而产生的普弹形变；在玻璃化转变温度以上，链段也可以运动，主要发生普弹形变和高弹形变；当温度升高到材料的黏流温度以上时，这三种形变都比较显著。所以，温度较低、外力较小时，蠕变量很小而且很慢，在短时间内不易察觉；温度太高、外力太大时，形变发展很快，也察觉不出蠕变现象；只有在适当的外力作用下，在高聚物的玻璃化转变温度以上不远时，链段在外力下可以运动，但运动速度不快时，方可观察到较明显的蠕变现象。

分子链的柔顺性好和分子链间的作用力小会使分子易于运动，从而使材料的蠕变行为比较明显。交联会影响分子的运动，从而降低蠕变速率；交联度较高时，会使分子整链的运动难以发生，从而形成只有普弹阶段和高弹阶段的蠕变过程。

15.4 设备与材料

（1）设备

动态力学分析仪（DMA Q800）。

（2）材料

聚乳酸（PLA）：玻璃化转变温度 65℃，熔融温度 165℃，密度 1.25g/cm^3。

15.5 实验步骤

① 试样制备。将聚乳酸（PLA）在 80℃真空干燥 12h，压制法成 40mm×15mm×2mm 的样条。

② 接通 DMA 电源，开启电脑和动态力学分析仪主机，预热 10min。

③ 双击电脑屏幕上的 TA Instrument 应用软件图标，这时显示 Q800 图标。

④ 双击 Q800 图标，显示[摘要]和[过程]等内容，选择蠕变模式，输入样品信息。设置测试条件：频率为 1Hz，初始应力为 1MPa，温度范围为 30～100℃，每 30℃测试一次。

⑤ 试验结束后，卸下所有的夹具及样品，并关闭软件和计算机，最后关闭 DMA 电源。

15.6　数据记录与处理

① DMA Q800 动态力学分析仪自动处理数据并打印出谱图。

② 在曲线上获得普弹形变量 ε_1，根据公式(15-1) 求得普弹模量。

③ 在蠕变曲线上，沿平衡直线部分做切线与纵轴相交，量取基线与交点的高度，并减去 ε_1，得到 ε_2 后，代入式(15-2) 求得高弹模量。

④ 在蠕变曲线上，由平衡直线的斜率求出本体黏度。

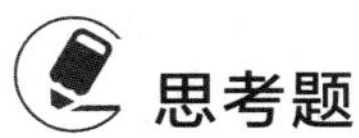

思考题

① 研究高分子材料的蠕变行为有什么实际意义？

② 线形高分子与交联高分子的蠕变及回复曲线有什么不同？为什么？

③ 蠕变影响着材料的稳定性，但人们也利用蠕变开发了许多新功能材料，请结合自粘防水卷材说明蠕变在其中的作用。

实验 16　DMA 研究聚合物的动态黏弹行为

16.1　实验背景

高分子材料在受到动态的外力作用时，样品的应变和应力关系随温度、频率等条件而发生变化，即产生了动态黏弹行为。通过对材料动态黏弹行为的研究，可以获得许多重要的评价材料性能的参数，如动态模量（E'）、损耗模量（E''）和损耗角正切（$\tan\delta$）等。除了作为材料性能的参数之外，这些动态参数对聚合物分子运动状态的反应十分灵敏，通过测量这些参数与温度、频率等条件的响应关系，可以得到聚合物结构和性能的许多信息，如阻尼特性、相结构及相转变、分子松弛过程、聚合反应动力学等。

16.2　实验目的

① 理解聚合物动态力学分析（DMA）的测量原理。

② 使用动态力学分析仪测定不同频率下聚合物的动态力学谱。

③ 从分子运动的角度解释高聚物的动态力学行为。

④ 通过对热塑性聚氨酯（TPU）样品 DMA 曲线的测定，确定聚合物的 T_g。

16.3　实验原理

16.3.1　高分子材料的动态黏弹行为

对于常见的固体弹性材料而言，受到外力作用时，立刻产生一个应变，除去外力时形变立刻回复。如果所用应力是一个周期性变化的力，产生的应变与应力是同位相的，整个过程没有能量损耗。图 16-1 中显示，相位角 δ 为 0。但是对于完全黏性的液体，受外力作用时，液体会随作用时间延长而逐渐发展形变，撤去外力时，形变无法回复，因此，形变产生的能力被完全消耗掉了，应变落后于应力的相位角 δ 为 90°。

高分子材料受到外力作用时，它会像液体材料那样随时间延长而发展形变；但撤去外力时，也会像固体那样回复部分形变，表现出黏弹性。因此，聚合物对外力的响应兼有弹性和黏性性质，这种黏弹性使其一方面像弹性材料一样可储存能量；另一方面，它又像黏性液体会损耗能量，由此产生内耗。这些独特的黏弹性表现是由大分子的长链特性决定的，大分子由于分子链长，分子间摩擦大，对外界的刺激无法即刻响应，分子链间的巨大摩擦消耗了能量也使其变形很难在不受外力时完全回复。尤其是在受到动态应力作用时，就表现出明显的滞后和内耗现象。在周期性应力作用的情况下，大分子重排跟不上应力变化，造成了应变落后于应力，正弦应变落后一个相位角 δ，应力和应变可以用复数形式表示如下。

$$\sigma^* = \sigma_0 \exp(i\omega t) \tag{16-1}$$

$$\gamma^* = \gamma_0 \exp[i(\omega t + \delta)] \tag{16-2}$$

式中，σ_0 和 γ_0 为应力和应变的振幅；ω 是角频率；i 是虚数。用复数应力 σ^* 除以复数形变 γ^*，便得到材料的复数模量 E^*：

$$E^* = E' + iE'' \tag{16-3}$$

该模量可以是拉伸模量或剪切模量，这取决于施加的是拉伸还是剪切作用。方便起见，将复数模量分为两部分，一部分与应力同位相，称为储能模量 E'（或称动态模量）；另一部分与应力差一个 90°的相位角，称为损耗模量 E''，二者的具体数值如下：

$$E'=|E^*|\cos\delta$$

$$E''=|E^*|\sin\delta$$

对于复数剪切模量在一个完整周期应力作用内，所消耗的能量 ΔW 与所储存能量 W 之比，即为黏弹性物体的特征量，叫做内耗。它与复数模量的直接关系为

$$\frac{\Delta W}{W}=2\pi\frac{E''}{E'}=2\pi\tan\delta \tag{16-4}$$

这里 $\tan\delta$ 称为损耗角正切，反映了内耗的大小。

由于聚合物分子是一个长链分子，它的运动单元有很多形式，包括侧基的转动和振动、短链段的运动、长链段的运动以及整条分子链的运动。各种运动单元受到大分子内和分子链间的牵制，必须在一定的温度、频率等条件下，才能发生运动。例如，温度较低时，链段及分子链的运动是难以发生的，这时材料的内耗自然比较小；然而随温度升高，链段以及分子链会依次发生运动，内耗就会变大，这就是温度引起的大分子的转变与松弛，体现在动态力学曲线上就是聚合物的多重转变，如图 16-2 所示。

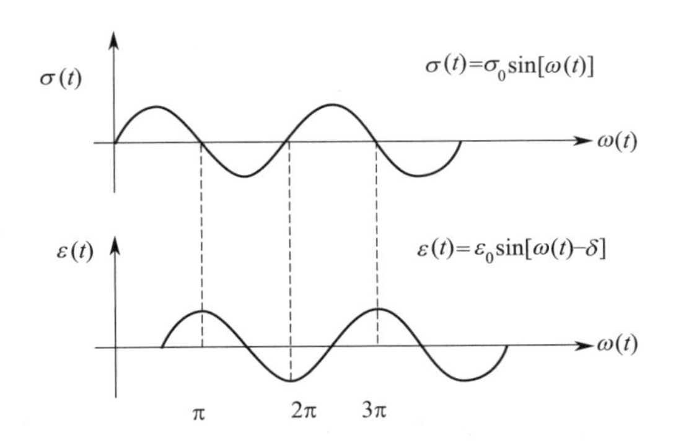

图 16-1　材料在周期性外力作用下的应力、应变响应

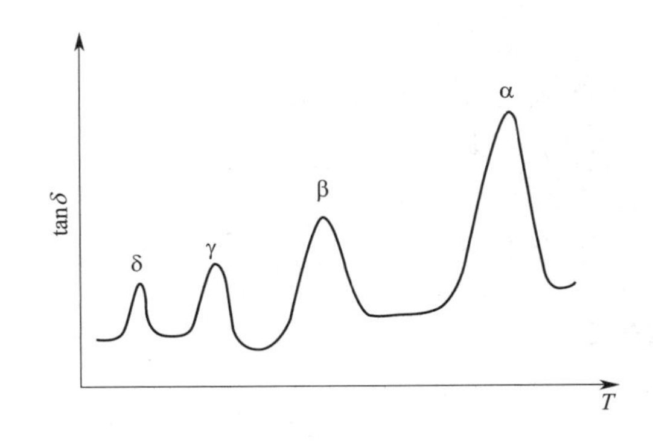

图 16-2　聚合物的多重转变

按温度从低到高的顺序排列，经常出现的转变如下：

δ 转变：通常是由侧基绕着与大分子链垂直的轴运动引起的。

γ 转变：是由主链上 2～4 个碳原子的短链运动引起的，又称沙兹基（Schatzki）曲轴效应，如图 16-3 所示。

β 转变：通常是由主链旁较大侧基的内旋转运动或主链上杂原子运动引起的。

α 转变：又称主转变，是由 20～30 个以上碳原子组成的链段运动引起的。

16.3.2　DMA 工作原理

采用动态力学分析仪可以测量材料形变对振动力的响应、动态模量和力学损耗。其

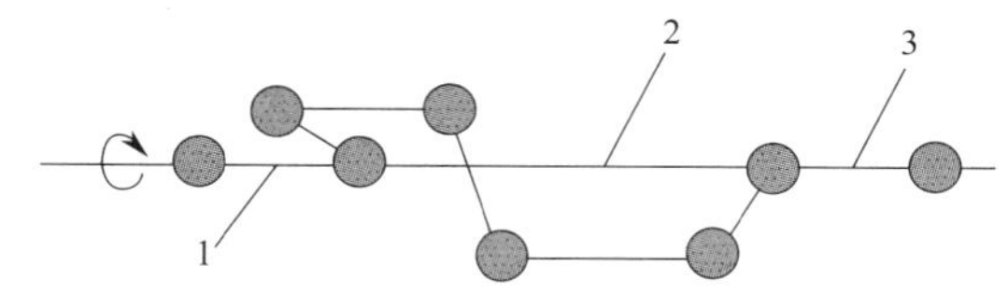

图 16-3 Schatzki 曲轴效应

1—第 1 个键；2—旋转轴；3—第 7 个键

基本原理是对材料施加周期性的外力并测定其对力的各种响应，如形变、振幅、谐振波、波的传播速度、滞后角等，从而计算出储能模量、损耗模量、阻尼或内耗等参数，分析这些参数的变化与材料结构（物理的和化学的）的关系。

本书以 TA Instruments 公司生产的 DMA Q800 为例，具体说明 DMA 的测量原理。该设备可选择多种夹具，如三点弯曲、单悬臂、双悬臂、夹心剪切、压缩、拉伸等夹具，对试样施加不同的动态外力作用，这些外力通过非接触式线性驱动马达对样品施加作用，通过光学读数器来控制轴承位移，记录响应信号。工作模式多种多样，可以进行瞬态测试获得蠕变和应力松弛的数据；也可以进行动态测试获得动态力学行为的数据。本实验的动态力学行为测试，可以以固定频率进行温度扫描，也可以同时多个频率进行温度扫描。

16.4 设备与材料

（1）设备

动态力学分析仪（Q800）。

（2）材料

TPU：长方形样条。

试样尺寸要求：长 $a=35\sim40$mm；宽 $b\leqslant15$mm；厚 $b\leqslant5$mm。

16.5 实验步骤

① 打开主机，打开控制电脑，进入“Thermal Solution”，连线 DMA Q800。

② 指定测试模式和夹具。按“Furnace”键打开炉体，依标准程序完成夹具的安装与校正。

③ 正确地安装好样品试样，确定位置正中没有歪斜。

④ 设定不同频率的温度扫描方法，输入样品信息，设置测试参数后，按“START”键，开始测试。

⑤ 实验结束后，将试样取出，按步骤关机。

16.6 数据记录与处理

① 打开数据处理软件 Thermal Analysis，进入数据分析界面，导出数据原始文件。

② 采用数据处理软件作动态模量 E'、损耗模量 E'' 以及阻尼或损耗角正切 $\tan\delta$ 与温度的关系曲线，列表记录数据。

③ 分析曲线在不同温度范围的变化规律，并从结构与分子运动角度进行解释。

④ 获得聚氨酯的玻璃化转变温度数据，分析温度与频率对其影响规律。

思考题

① 测量聚合物的玻璃化转变温度都有哪些方法？分析各方法的优势与不足。

② 在本实验数据的基础上，采用物理或化学手段调节 TPU 的结构，使其满足轮船减震的需求，做出具体说明。

③ 除了本实验介绍的应用，查阅文献以一具体案例说明 DMA 在材料表征中还有哪些应用？

实验 17　塑料材料熔体流动速率与黏流活化能的测定

17.1　实验背景

聚合物的流动性是决定聚合物加工性能的重要指标，在很大程度上影响着成型工艺的许多参数，如成型温度、压力、模具浇注系统的尺寸及其他结构参数。通过黏度、熔体流动速率等可以反映材料的流动性。其中熔体流动速率在工业生产中最常使用，对材料的选择和成型工艺条件的确定有着重要的实用价值，但仅能用于比较相同结构聚合物的熔体黏度，不能用于不同材料之间的比较，也不能直接用于实际加工过程中高剪切速率下的计算，只能作为参考数据。但是，熔融指数表征了材料在低剪切速率下的流动性，可以获得分子量及黏流活化能等相关数据，因此，这种测量手段在理论研究和工程实践中均有应用价值。

17.2　实验目的

① 掌握熔体流动速率测试仪测定聚合物熔融指数的方法。

② 测定低剪切速率下几种聚合物的黏流活化能，理解链结构对聚合物熔体黏度的影响。

17.3　实验原理

17.3.1　熔融指数与分子量

所谓熔融指数（MI）是指热塑性塑料熔体在一定的温度和压力下，在 10min 内通过标准毛细管的质量，单位为 g/10min。例如，按照 ASTM 规定，聚乙烯的熔融指数是在 190℃，负载 2.16kg 下，熔体在 10min 内通过标准口模（$\phi 2.095\text{mm}\times 8\text{mm}$）的质量。对于同种高聚物，可用熔体流动速率来比较其分子量的大小，并作为生产指标。一般来讲，化学结构相同的同一类高聚物，若熔体流动速率小，表明其分子量增大，力学性能较高，但流动性会变差，加工性能低；若熔体流动速率大，则分子量小，强度有所下降，流动性好。

很低的剪切速率下，聚合物熔体的黏度不依赖于剪切速率，通常把这种黏度称为零切黏度 η_0。线形聚合物的零切黏度与大于临界分子量的重均分子量（M_w）的关系式为：

$$\eta_0 = K\bar{M}_w^{3.4} \tag{17-1}$$

式中，K 是依赖于聚合物类型及测定温度的常数。研究表明，对于分子量分布较窄的高密度聚乙烯，是遵循 3.4 次方规则的。但在分子量分布宽时，这种依赖关系发生了明显变化，可以使用某种平均分子量（$\bar{M}_t$）代替重均分子量，则 3.4 次方的关系形式基本可以保持不变。即为：

$$\eta_0 = K\bar{M}_t^{3.4} \tag{17-2}$$

式中，$\bar{M}_w < \bar{M}_t < \bar{M}_Z$。当分子量分布窄时，$\bar{M}_t$ 接近 $\bar{M}_w$；当分子量分布宽时，$\bar{M}_t$

接近 Z 均分子量$\bar{M}_Z$。

作为流动性参数的熔融指数也与分子量存在定量关系，研究发现，二者之间的关系可表示如下：

$$\log\text{MI}=24.505-5\lg\bar{M}_w \tag{17-3}$$

但由于熔融指数不只是分子量的函数，也受分子量分布及支链的影响，所以在使用这一公式时应予注意。

17.3.2　熔融指数与活化能

熔融指数会随温度的改变而发生变化，这种变化关系可用于聚合物熔体流动活化能的测定。由于熔融指数测试的剪切速率非常低，可视为对零剪切时流动性的反映。对聚合物熔体黏度进行大量研究表明，温度和熔体零切黏度的关系在低剪切速率区可以用阿伦尼乌斯（Arrhenius）方程描述。

$$\eta_0=A\mathrm{e}^{E_\eta/RT} \tag{17-4}$$

式中，η_0 为温度 T 下的零切黏度；E_η 为大分子链段以一个平衡位置移动到下一个平衡位置必须克服的能垒高度，即黏流活化能。上式在 50℃的温度区间内具有很好的规律，把式(17-4) 化为对数形式，得：

$$\lg\eta_0=\lg A+E_\eta/2.303RT \tag{17-5}$$

以 $\lg\eta_0$ 对 $1/T$ 作图，应得一直线，其斜率为 $E_\eta/2.303R$，由此很容易得到 E_η。但在此实验中，需要在每一温度条件下改变荷重，然后外推负荷为零才能求得零切黏度，用时较多。当采用熔融指数仪进行测定时，只需要改变测定温度，就可以得到恒定切应力条件下的 MI 值，并由此求出表观活化能，原理如下。

由泊肃叶方程可知，通过毛细管黏度计的熔体的黏度为：

$$\eta=\pi R^4\Delta p/8VL \tag{17-6}$$

式中，R 与 L 分别为毛细管的半径与长度；Δp 为压差；V 为体积流速。则：

$$V=\pi R^4\Delta p/8\eta L \tag{17-7}$$

在固定毛细管及 Δp 的条件下

$$V=K/\eta \tag{17-8}$$

由 MI 的定义知道，MI 正比于 V，则

$$\eta=K'/\text{MI} \tag{17-9}$$

将其代入式(17-4)，得

$$K'/\text{MI}=A\mathrm{e}^{E_\eta/RT} \tag{17-10}$$

由式(17-10) 可导出

$$-\lg\text{MI}=B+E_\eta/2.303RT \tag{17-11}$$

式中，$B=\lg A-\lg K'$。以 $-\lg\text{MI}$ 对 $1/T$ 作图，应得一直线，由其斜率可求得 E_η。还可以利用 MI 的实测值计算样品的$\bar{M}_w$、A 及不同温度下 η 值。

17.4　设备与材料

（1）设备

熔融指数仪。

(2) 材料

聚乙烯粒料、聚苯乙烯、聚碳酸酯、聚甲醛。

17.5 实验步骤

① 将仪器调至水平。

② 接通电源，在装好标准口模并插入活塞后，开始升温，当温度升到规定温度时，恒温 15min。

③ 取出活塞，把试样装入圆筒中，用活塞将料压实，随后将活塞插入圆筒内。

④ 经 3～4min 后，炉温度恢复到规定温度。在活塞杆顶部装上选定砝码，待活塞下降至下环形标记和料筒口相平时切除已流出的样条，根据表 17-1 设置切割试样的时间间隔，保留连续切取的无气泡样条 5 个。当活塞下降到上环形标记和料筒口相平时，停止切取。

⑤ 在 190～230℃区间选 3～5 个温度点重复以上实验步骤，计算活化能。

表 17-1　试样加入量与切样时间间隔

MI/(g/10min)	试样加入量/g	切样时间/s
1～5	3～4	120～240
>5～10	3～4	60～120
>10～35	4～5	30～60
>35～100	6～8	10～30
>100～250	6～8	5～10

17.6 数据记录与处理

① 熔体流动速率按下式计算：

$$MI = 600m/t \tag{17-12}$$

式中，MI 为熔融指数，g/10min；m 为切取样条质量的算术平均值，g；t 为切样时间间隔，s。计算结果保留两位有效数字。

② 对不同聚合物，以 $-\lg MI\text{-}1/T \times 10^3$ 作图，由直线斜率求得黏流活化能 E_η，比较数据差别，分析黏流活化能与结构的关系。

思考题

① 对于不同种类的聚合物，为什么不能用熔体流动速率比较流动性？

② 本实验为什么要间隔一定时间切割 5 个样品，可否直接切取 10min 流出的质量为熔体流动速率？

③ 黏流活化能与分子结构有怎样的关系？

实验 18　毛细管流变仪研究聚合的流变行为

目前用来研究聚合物流变性能的仪器有多种，包括熔融指数仪、落球式黏度计、旋转流变仪、毛细管流变仪等。上一实验测定的熔融指数是对材料在某温度点、低剪切条件下流动性的表征，本实验采用的毛细管流变仪可以测定很宽剪切范围内的黏度与剪切速率的关系，可直接观察挤出物的外形，来研究熔体的弹性和不稳定流动，从而获得材料的黏弹性能指标。由于它测试的剪切速率范围较宽（$\dot{\gamma}=10^1\sim10^6$s），所以应用广泛。不仅可为加工提供最佳的工艺条件，为塑料机械设计参数提供数据，而且可在材料选择、原料改性方面获得有关结构和分子参数等的有用数据。

18.1　实验目的

① 理解毛细管流变仪的工作原理。

② 掌握毛细管流变仪测量和校正方法。

③ 测定聚丙烯的流动曲线，分析表观黏度与剪切速率的依赖关系。

18.2　实验原理

本实验采用单螺杆挤出机组合毛细管口模进行测试。单螺杆挤出机主要用于将所测材料熔融塑化，并以不同的速度进入毛细管口模。聚合物熔体通过毛细管口模时，由安装在毛细管口模入口处的压力传感器和热电偶测出熔体的压力和温度，并由电脑记录处理。通过测定固定时间的体积流量，结合压力与温度数据，可以求得剪切应力、剪切速率和黏度的关系。

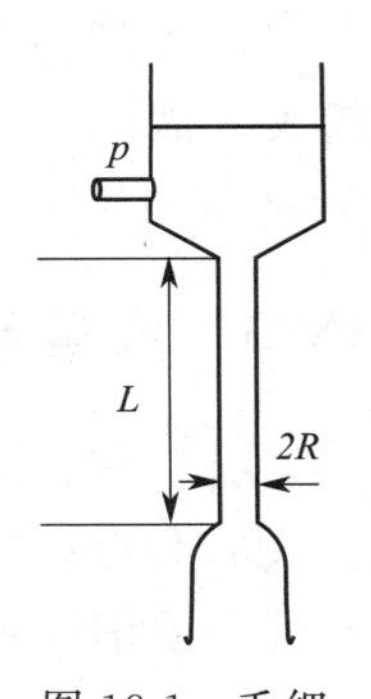

图 18-1　毛细管流变仪的工作原理

图 18-1 为毛细管流变仪的工作原理。可将毛细管视为一个无限长的圆形管道，聚合物熔体在管中的流动是一种不可压缩的稳定黏性层流流动。毛细管两端压力差可由入口处的压力传感器获得（Δp），在稳定流动时，根据黏滞阻力与推动力相平衡等流体力学原理进行推导，可得到毛细管管壁处的剪切应力 τ 和剪切速率$\dot{\gamma}_w$ 与压力、熔体流量的关系。

根据熔体在毛细管中流动力平衡原理，可有下列公式：

$$\tau_w=\frac{\Delta pR}{2L} \tag{18-1}$$

$$\dot{\gamma}_w=\frac{4Q}{\pi R^3} \tag{18-2}$$

对于牛顿流体，可得黏度η_a

$$\eta_a=\frac{\tau_w}{\dot{\gamma}_w}=\frac{\Delta p\pi R^4}{8QL}\times9.807\times10^4 \tag{18-3}$$

式中　Q——毛细管壁上的体积流量，cm^3/s；

τ_w——毛细管壁上的剪切应力，0.1MPa；

$\dot{\gamma}_w$——毛细管壁上的剪切速率，s^{-1}；

η_a——表观黏度，Pa·s；

Δp——毛细管两端压力差，0.1MPa；

R——毛细管半径，cm；

L——毛细管长度，cm。

式(18-2) 和式(18-3) 是假设熔体为牛顿流体时推导出的结果。实际上，绝大多数聚合物熔体属于非牛顿流体，其黏度随剪切速率或剪切应力变化而改变，即剪切应力与剪切速率不成直线关系，因此，必须对公式进行非牛顿修正，经过推导可以得到以下公式：

$$\dot{\gamma}_w^{修} = \dot{\gamma}_w \times \frac{3n+1}{4n} \tag{18-4}$$

式中，n 为非牛顿指数。当 $n=1$ 时，为牛顿流体；$n<1$ 时为假塑性流体；$n>1$ 时为胀塑性流体；n 的具体数据可以通过 $\lg\tau_w$-$\lg\dot{\gamma}_w$ 流动曲线的斜率获得。

除了非牛顿修正之外，熔体在毛细管的入口处，经历了大直径料筒到小直径毛细管的流道界面变化，由于剪切、拉伸等变形的存在，导致“入口效应”产生较大的入口压力降，也是影响测量结果的重要因素。在毛细管直径相同的情况下，L 越短压力降影响越大。因此，增大毛细管的长径比 L/R，可以减小压力降影响的程度。实验表明，当 $L/R \geqslant 40$ 时，可以不进行入口效应的校正。

18.3　设备与材料

（1）设备

XSS-300 微机控制毛细管流变仪，包括驱动主机、计算机控制处理系统、单螺杆挤出机、毛细管流变口模；精密天平、计时器、卡尺等。

（2）材料

高密度聚乙烯颗粒，使用前充分干燥。

18.4　实验步骤

① 将单螺杆挤出机安装在流变仪的主机上，把毛细管口模安装在挤出机上。连接各区段热电偶、压力传感器。

② 打开电脑，双击桌面流变仪图标，开启毛细管流变仪驱动主机和控制系统，按实验要求输入各段温度。

③ 对单螺杆挤出机进行加热，达到设定的温度时，恒温 15～20min。

④ 加入物料，设定螺杆转速，启动单螺杆挤出机，由计算机控制处理系统开始记录实验数据。待压力曲线平稳后，选择不同的间隔时间取样，测试聚合物熔体的质量流率（g/min）。

⑤ 在同一温度下，逐步升高螺杆转速，在 10～80r/min 区间内选择 5 个不同转速，重复上述操作。

⑥ 实验结束后，将数据储存在计算机控制处理系统中进行处理。清理挤出机、毛细管口模，关闭仪器。

18.5　数据记录与处理

本实验需要完成以下数据的记录与计算：

① 测量各转速下聚合物熔体的质量流率 M(g/min)，结合材料的密度数据，换算为聚合物熔体的体积流率 $Q(\mathrm{cm^3/s})$。

② 根据在恒定温度和毛细管长径比下测得的压力降 Δp 与①中得到的体积流率，按式(18-1)～式(18-3) 计算各转速下的剪切应力 τ、剪切速率 $\dot{\gamma}_w$ 和熔体表观黏度 η_a。

③ 采用 Origin 软件，绘制 τ-$\dot{\gamma}_w$ 双对数关系曲线图，通过曲线斜率计算非牛顿指数 n。

④ 由 n 进行非牛顿校正，可得到毛细管的真实剪切速率 $\dot{\gamma}_w^{修}$。

⑤ 进行入口校正：保持恒定的温度和流量，更换三根不同长径比 L/D 的毛细管，测压力降 Δp 与 L/D 的关系，将所得直线外推与 L/D 轴相交，该 L/D 轴上的截距 e 即为 Bagley 校正因子，计算毛细管的真实剪切应力 σ_z：$\sigma_z=\Delta p/2(L/R+e)$。

⑥ 在不同温度下测量聚合物熔体表观黏度 η_a，绘制 $\ln\eta_a$-$1/T$ 关系图，在一定范围内为一直线，其斜率即可表征熔体的黏流活化能 E_η。

⑦ 测量挤出物（单丝）快速冷却后的直径 D_s，计算离模膨胀比 B：$B=D_s/D$，其中 D 为毛细管的直径，mm。

 思考题

① 高分子材料的表观黏度受到哪些结构及加工工艺条件的影响？分别是怎样的规律？

② 何时需要进行入口校正？如何校正？

③ 表观黏度与熔融指数在表征材料流动性方面各有怎样的优势与不足？

实验 19　聚合物的介电常数和介电损耗的测定

19.1　实验背景

绝大多数聚合物材料具有卓越的电气绝缘性能以及其他优良的物理化学性能和加工性能，因而被广泛应用于电气绝缘、电力电子设备和仪器。

聚合物的电性能是指高分子对外电场作出的响应，可以分为导电性和介电性。导电性是指聚合物内的自由电荷（如自由电子、离子、空穴）等在电场的作用下长程位移形成电流的性质；根据电导率（或电阻率）的大小将材料分为导体、半导体和绝缘体。介电性则是指聚合物内的束缚电荷，也就是除了自由电荷之外的带电单位（如偶极子、价电子、空间电荷等）在电场的作用下不能产生长程位移而只能产生正负电荷中心相对位移的极化现象的性质。

聚合物的介电性能是工业上选用绝缘材料的重要依据。以介电性能为主要应用性能的材料称为电介质材料（或介电材料）。材料的介电性能通常用介电常数、介电损耗以及击穿强度等进行表征。在实际应用中，制造电容器的材料要求介电常数尽量大，介电损耗尽量小；在微电子应用如制作印刷线路极的覆铜板中，则要求材料的介电常数和介电损耗都尽量小；而在某些特殊应用如吸波材料，则要求介电损耗尽量大。因此，介电性是聚合物非常重要的性质，测定聚合物的介电常数和介电损耗在工业生产中有重要的应用意义。

19.2　实验目的

① 了解聚合物的介电常数和介电损耗与聚合物分子结构之间的关系；

② 了解高频 Q 表的工作原理；

③ 掌握室温下用高频 Q 表测定材料的介电常数和介电损耗的方法。

19.3　实验原理

19.3.1　介电常数和介电损耗

如果在真空平行板电极上加以直流电压 U，两个平行板电极上将产生一定量的电荷 Q_0，这个真空电容器的电容 C_0 为：

$$C_0=\frac{Q_0}{U}=\varepsilon_0\frac{S}{d} \tag{19-1}$$

式中，$\varepsilon_0=8.85\times10^{-12}$ F/m，是真空介电常数；S 和 d 分别为平行板的面积和平行板之间的距离。

如果在上述平行板电极之间充满电介质，这时极板上的电荷将增加到 Q，此时电容器的电容增加为 C：

$$C=\frac{Q}{U}=\varepsilon\frac{S}{d} \tag{19-2}$$

式中，ε 为电介质的介电常数，表示单位面积和单位厚度电介质的电容值。

电介质的相对介电常数ε_r定义为含有电介质的电容器的电容与相应的真空电容器的电容之比：

$$\varepsilon_r=\frac{C}{C_0}=\frac{\varepsilon}{\varepsilon_0} \tag{19-3}$$

在实际工程中，通常用相对介电常数表示介电常数，相对介电常数ε_r是一个无量纲的量，反映了电介质材料储存电荷能力的大小。介电常数的大小在宏观上反映了电介质的极化程度，极化程度越大，介电常数越大。也就是说，电介质在电场作用下极化响应进行了电荷的存储。

所谓极化是指在电场的作用下电介质中的电荷（能做长程运动的自由电荷除外）发生再分布的现象，包括电子极化、原子极化、取向极化和界面极化等。极化的基本过程是：①原子核外电子云畸变；②分子中正负离子相对位移变化；③分子中固有电矩-偶极子取向极化；④界面处空间电荷相对位移变化。在外电场的作用下，介电常数是综合反映上述微观极化过程的宏观物理量，它是外电场频率的函数。只有当频率为零或者很低的时候，上述微观过程都参与作用，这时的介电常数最大且对于一定的电介质来说是常数。随着频率的增加，界面处空间电荷的相对位移变化逐渐落后于外电场的变化。此时介电常数取复数形式：

$$\varepsilon(\omega)=\varepsilon'(\omega)-j\varepsilon''(\omega) \tag{19-4}$$

式中，$\varepsilon'(\omega)$是介电常数的实部，表示电介质在极化过程中储存的能量；$\varepsilon''(\omega)$为介电常数的虚部，表示电介质在极化过程中损耗的能量。这种变化规律称为弛豫性。实部$\varepsilon'(\omega)$随着频率的增加而下降，同时虚部$\varepsilon''(\omega)$出现峰值。频率继续增加，实部$\varepsilon'(\omega)$降至新的恒定值，而虚部$\varepsilon''(\omega)$则变为零，这反映了空间电荷的极化即界面极化已经完全不再对电场作出响应。随着频率的继续升高，取向极化、原子极化和电子极化依次出现上述类似情况。

介电损耗的存在使得电介质在储存电荷的过程中发生能量的损失而发热。因此，介电损耗的存在一方面会使能量损失，另一方面会使器件温度升高，影响器件的运行稳定性和寿命。产生介电损耗的原因有两个：一个是电介质中存在的微量自由电荷在电场的作用下形成电流而产生电导损耗；另一个则是上述弛豫过程引起的。

电介质的介电损耗通常用介电常数复数的虚部和实部的比值，也就是介电损耗角正切$\tan\delta$（损耗因子）来表示：

$$\tan\delta=\frac{\varepsilon''}{\varepsilon'} \tag{19-5}$$

当固体绝缘材料在电容试样（电容器）中专门用作电介质时，该电容可以用一个电容（C）和一个电阻（R）串联进行等效，如图19-1所示。

在交流电路中，电容器的电流I相对于电压U超前$-90°$，即电容器的电流相对于电压领先90°。介电损耗角δ是指电阻性损耗与电容性充电之间相位差（φ）的余角，也是电阻上的电压降和电容上的电压降之间的相位差。介电损耗正切（$\tan\delta$）可以表示为电阻损耗的能量和电容储存的能量之比，其表达式为：

$$\tan\delta=2\pi fCR \tag{19-6}$$

式中，f 为所施加电压的频率。

19.3.2 聚合物的介电性能

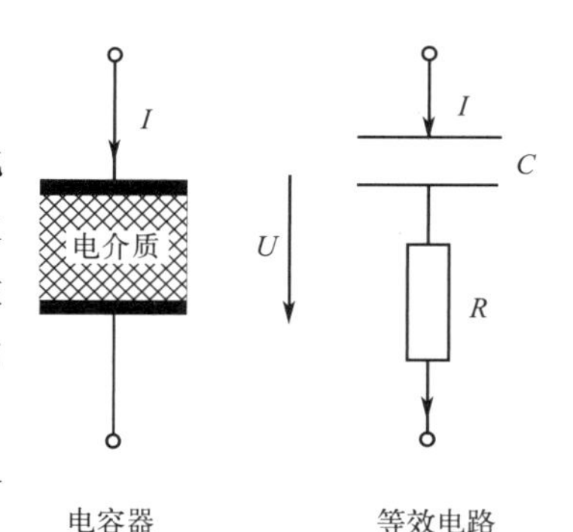

图 19-1 电介质电容器及等效电路图

材料介电常数的数值取决于介质材料的极化，而极化过程与材料的分子结构及所处的物质状态有关。根据偶极矩的大小，可以将聚合物大致分为非极性聚合物、弱极性聚合物、中等极性聚合物和强极性聚合物。随着偶极矩的增加，聚合物的介电常数逐渐增大。

聚合物的介电常数与偶极矩之间的关系还依赖于高分子的结构。

极性基团在分子链上的位置对聚合物的介电常数有很大影响。一般来说，侧链或侧基（尤其是柔性侧基）上的极性基团的活动能力较强，其在外电场下的取向极化相对容易，对介电常数贡献较大。主链上或与主链刚性连接的极性基团的活动能力较弱，其在外电场下的取向极化需要主链构象的改变，对介电常数的贡献较小，其对介电常数的贡献强烈取决于聚合物所处的物理状态。玻璃态下，链段运动被冻结，极性基团的取向运动比较困难，对介电常数贡献比较小；高弹态下，链段运动被激活，极性基团可以顺利取向，对介电常数贡献比较大。因此，可以通过测量不同温度下的介电常数来测定聚合物的玻璃化转变温度。

此外，分子结构的对称性对介电常数也有影响，对称性越高，介电常数越小。交联会限制极性基团的活动能力，降低介电常数。

19.3.3 测试电路

本实验采用的测量仪器是上海爱义电子设备有限公司的 QBG-3E/3F 高频 Q 表。Q 表是根据串联谐振原理设计的，以谐振电压的比值来定位 Q 值。

Q 表示的是元件或电路系统的“品质因数”，其物理意义是在一个振荡周期内储存的能量和消耗的能量的比值，它是 $\tan\delta$ 的倒数。Q 值大，介电损耗小，说明品质好。

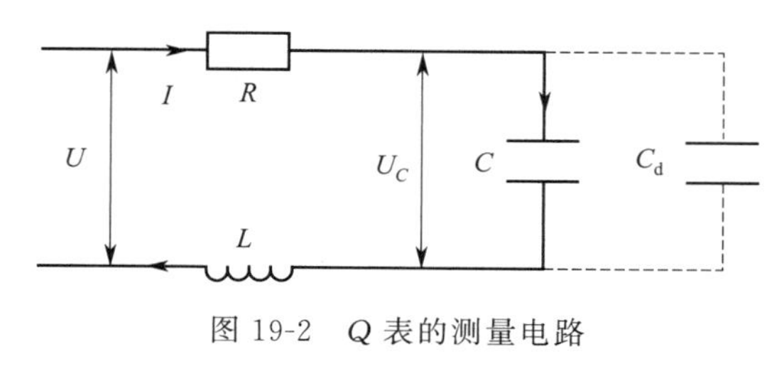

图 19-2 Q 表的测量电路

Q 表的测量电路是一个简单的电阻 R、电感 L 和电容 C 回路（R-L-C 回路），如图 19-2 所示。对于常见的电子元件来说，电阻 R 是消耗能量的，电容 C 和电感 L 是储存能量的。因此，对于电抗元件（电感或电容）来说，Q 是测试频率下呈现的电抗（容抗 X_C 或感抗 X_L）与电阻之比，即

$$Q=\frac{X_C}{R}=\frac{1}{\omega CR}=\frac{1}{2\pi fCR}\text{或}\ Q=\frac{X_L}{R}=\frac{\omega L}{R}=\frac{2\pi fL}{R} \tag{19-7}$$

式中，ω 和 f 分别为所施加电压的角频率和频率。对于由电阻、电感和电容串联组成的电路，根据串联谐振理论，谐振时电路中的容抗和感抗相等相互抵消，阻抗最小，电流最大，此时电路的电流 I 为：

$$I=\frac{U}{R} \tag{19-8}$$

故电容两端的电压 U_C 为：

$$U_C = IX_C = \frac{U}{R} \times \frac{1}{2\pi fC} = UQ \tag{19-9}$$

即对于串联谐振电路，谐振时电容上的电压U_C 是输入电压 U 的 Q 倍。因此，可以直接把电容电压指示刻度计作 Q 值。由公式（19-6）可以发现，介电损耗角正切 $\tan\delta$ 与 Q 互为倒数。

利用 Q 表可以测定材料的相对介电常数ε_r 和介电损耗角正切 $\tan\delta$。测定时调整可变电容 C，使电压表读数达到最大。此时未放入试样，回路的能量损耗最小，Q 值最高，将此时回路的 Q 和可变电容 C 记做 Q_1 和 C_1。然后将电介质材料构成的电容 C_d 与电容 C 并联接入电路后，重新调节可变电容使回路达到谐振，回路的能量损耗增加，Q 值变小，记下 Q_2 和可变电容 C_2。由于前后两次谐振的频率和电感不变，因此两次谐振电路的总电容保持不变。利用所测数据，根据平行板电容器的基本关系可以求出各参数。

电介质的相对介电常数 ε_r 为：

$$\varepsilon_r = \frac{C_d d}{\varepsilon_0 A} = \frac{(C_1 - C_2) d}{\varepsilon_0 A} \tag{19-10}$$

电介质的介电损耗角正切 $\tan\delta$ 为：

$$\tan\delta = \frac{Q_1 - Q_2}{Q_1 Q_2} \times \frac{C_1 + C_0}{C_1 - C_2} \tag{19-11}$$

式中，C_0 为测试回路本身的电容，一般情况下可以忽略。

19.4　设备与材料

（1）设备

上海爱义电子设备有限公司的 QBG-3E/3F；高频 Q 表。

（2）材料

热塑性或热固性高分子材料的片状试样。当测量介电常数要求高精度时，不确定度主要来源于试样的尺寸。试样的面积应能提供足够的电容以达到测量所要求的精度。试样的平均厚度应均匀，±1％以内。参照国家标准 GB/T 31838.6—2021《固体绝缘材料介电和电阻特性 第 6 部分：介电特性（AC 方法）相对介电常数和介质损耗因数（频率 0.1Hz～10MHz）》的规定，热塑性材料的推荐试样尺寸为 60mm×60mm×1mm；若无其他规定，可以使用≥100mm×≥100mm×(1±0.5)mm 的平板试样。

至少准备 3 个试样进行试验。试验前应对试样进行清洁处理，用蘸有溶剂（对试样不起腐蚀作用）的布条或脱脂棉进行擦洗后，将试样在温度 23℃、相对湿度 50％条件下进行至少 4 天的预处理。由于环境温度和湿度对材料的介电常数和介电损耗角正切有较大影响，因此要保证测试环境与预处理环境条件一致。

最少在 5 个点测量试样厚度，试样的厚度和电极尺寸的精度应为±1％。

试验前，为了使试样与电极有良好的接触，试样上必须粘贴金属箔（铝箔或锡箔）或喷镀金属层等电极材料。通常使用最少量的凡士林、硅脂、油作为黏合剂将金属箔附着在试样上，所有的黏合材料均可影响试验结果，宜控制用量。硅脂由于具有足够低的介电损耗，是十分合适的黏合材料。

19.5 实验步骤

（1）测试准备

① 将 Q 表放置在水平工作台上，校正定位指示电表的机械零点。

② 将定位粗调旋钮逆时针旋到底，定位零位校正和 Q 值零位校正旋钮置于中间附近位置，将微调电容度盘调至零。

③ 接通 Q 表电源（指示灯亮），预热 30min 以上，待仪器稳定后方可进行测试，以保证精确测量。

（2）试样的电容和 Q 值测量

通常采用如图 19-2 所示的并联替代法（可变电容 C 和待测电介质材料组成的电容 C_d 并联）测量小于 460pF 的电容，具体的测量步骤如下：

① 将电感量大于 1mH 的辅助线圈接在“L_x”接线柱上，与标准可变电容组成串联谐振回路。

② 将微调电容度盘调至零位，主调电容度盘调至较大电容 C 上。

③ 定位粗调旋钮置于起始零位时，调节定位零位校正旋钮，使定位表示于零。调节定位粗调和定位细调旋钮，使定位表指示在“Q×1”位置附近。

④ 调节高频振荡频率，使谐振回路远离谐振点，此时 Q 值最小。调节 Q 值零位校正旋钮，使 Q 值表指示于零。

⑤ 调节频段选择开关和频率度盘，使测试回路谐振。读得 Q 值为 Q_1，电容读数为 C_1。

⑥ 将被测电介质电容 C_d 接在“C_X”接线柱上，与标准可变电容器并联；保持之前的高频振荡频率不变，调节（减小）主调电容度盘使测试回路恢复谐振，读得 Q 值为 Q_2，电容读数为 C_2。由于前后两次谐振的频率和电感不变，因此两次谐振电路的总电容保持不变，则 $C_1=C_2+C_X$，所以被测电容器的电容为 $C_X=C_1-C_2$。

⑦ 更换另一块试样，按⑥进行测试。

⑧ 测试完毕，顺时针旋转调谐旋钮，使 Q 表主调谐电容重新置于最小电容处，关闭仪器电源。

（3）注意事项

通常 Q 表的主调电容度盘（标准可变电容器）的电容变化范围为 460pF（从 500pF 变化到 40pF）。因此，按照上述并联替代法只能测量小于 460pF 的电容。如果要测量大于 460pF 的电容，则可以将一电容已知的电容器作为辅助元件并联或串联进测试回路进行测量。

19.6 数据记录与处理

（1）实验记录

仪器型号：______________；试样名称：______________；

温　　度：______________；湿　　度：______________；

实验时间：________________。

编号	试样厚度/mm	试样直径/mm	测试数据				计算结果			
			C_1	Q_1	C_2	Q_2	ε_r	平均	$\tan\delta$	平均
1										
2										
3										
……										

（2）数据处理

实验中利用聚合物作为电容器的介质，将电容并联接入到谐振回路中，由于介质的损耗而使回路的 Q 值下降，利用 Q 表测出回路 Q 值的变化，根据式(19-10）和式(19-11）求出聚合物的相对介电常数和介电损耗因子。

19.7　实验注意事项

① 为减少被测件和测量回路的接线柱间接线的电阻和分布参数带来的测量误差，接线应尽量短和足够粗，且接触要良好可靠。

② 被测件不要直接放在仪器顶部，必要时可用低损耗的绝缘材料（如聚丙烯）进行衬垫。

③ 测量过程中手不要靠近被测件，避免因人体感应造成的测量误差。必要时，可以采用屏蔽罩。

④ 测试前应对被测件的 Q 值进行估计，并将 Q 值范围开关置于合适的挡级上。如果不清楚被测件的 Q 值，应将 Q 值范围开关置于高挡。定位粗调旋钮应保持适当位置，特别在变换高频振荡频率挡级时，要避免定位表超过满度引起设备损坏。

⑤ 仪器应保持清洁干燥，尤其是测试回路部分。

思考题

① 测试环境（如温度和湿度）对材料的介电常数和介质损耗角正切有何影响？为什么？

② 电场频率对介电常数和介质损耗有何影响？为什么？

③ 能否通过测定聚合物的介电损耗测定聚合物的玻璃化转变温度？

④ 利用高分子的介电性质可以开发许多功能材料，高介电常数和低介电损耗是下一代聚合物介质的理想电性能，在电动汽车、无人机以及各类电子产品中有广阔的应用前景。请查阅文献，结合具体应用场景，给出1～2种提高介电常数的方法。

实验 20　高阻计测聚合物的体积电阻率和表面电阻率

20.1　实验背景

长期以来，聚合物作为优良的绝缘材料被广泛应用在电力电子仪器设备领域。但是近年来，一些高性能导电高分子聚合物被开发出来，成为新一代有机电子功能材料。

聚合物的导电性是指聚合物内的自由电荷即载流子（如自由电子、离子、空穴等）在电场的作用下长程位移形成电流的性质；根据电导率（或电阻率）的大小将材料分为导体、半导体和绝缘体。绝缘材料的主要用途是将电气系统的各部分组件相互绝缘和对地绝缘，同时固体绝缘材料还起到机械支撑的作用。针对这些用途，一般期望材料除具有尽可能高的绝缘电阻之外，还要求绝缘材料具有一定的力学性能、耐热性、耐溶剂性和尺寸稳定性等。

20.2　实验目的

① 了解高阻计的工作原理；

② 掌握用高阻计测定高分子材料体积电阻率和表面电阻率的原理和方法；

③ 了解影响高分子材料电阻性能的因素。

20.3　实验原理

在高分子材料的导电性表征中，常常要区分体内和表面导电性的不同，分别采用体积电阻率和表面电阻率来表征。两种电阻率都需要用实际测量的电阻来计算。

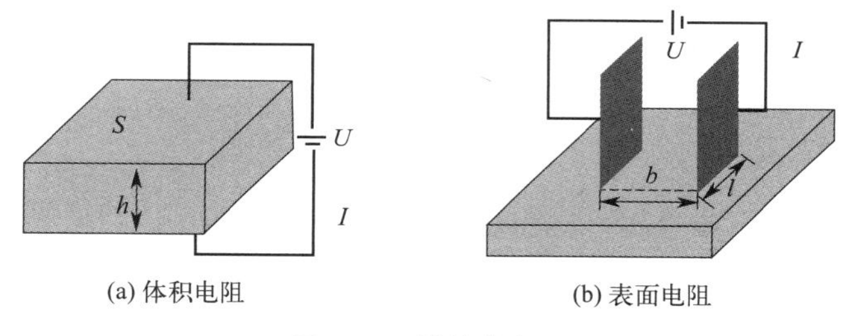

图 20-1　材料的电阻

体积电阻 R_V 的测试方法如图 20-1(a)所示，在厚度为 h 的平板状聚合物试样两相对面上各放置一个截面积为 S 的电极，然后在试样两面施加电压 U，于是试样内部的载流子在电场的作用下迁移运动形成电流 I，测量两电极间试样的电阻即为体积电阻 R_V：

$$R_V=\frac{U}{I}=\rho_V\frac{h}{S} \tag{20-1}$$

式中，ρ_V 是体积电阻率。

$$\rho_V=\frac{U}{I}\times\frac{S}{h}=\frac{U/h}{I/S}=R_V\frac{S}{h} \tag{20-2}$$

由此我们可以发现，体积电阻R_V 是与材料相对面接触的两个电极之间的直流电压与给定时间流过的电流之比，单位为欧姆（Ω）；体积电阻率 ρ_V 是材料单位厚度方向上的直流压降（直流电场强度）与单位面积上通过的电流（电流密度）之比，单位为欧姆·米（Ω·m），是一个与试样的尺寸和形状没有关系的物理量。

表面电阻 R_S 的测试方法如图 20-1(b)所示，将两平行电极放在聚合物试样的同一表面上，若电极的宽度为 l，电极间的距离为 b，在对两电极施加直流电压 U 后，两电极间的表面将形成电流，此时所测的电极间的电阻即为试样的表面电阻 R_S：

$$R_S=\frac{U}{I}=\rho_S\frac{b}{l} \tag{20-3}$$

式中，ρ_S 是表面电阻率。

$$\rho_S=\frac{U}{I}\times\frac{l}{b}=\frac{U/b}{I/l}=R_S\frac{l}{b} \tag{20-4}$$

由此我们可以发现，表面电阻 R_S 是施加在材料表面的两个电极之间的直流电压与给定时间流过的电流之比，单位为欧姆（Ω）；表面电阻率 ρ_S 是材料表面单位长度方向上的直流压降（直流电场强度）与单位宽度上通过的电流（电流密度）之比，单位为欧姆（Ω），也是一个与试样的尺寸和形状没有关系的物理量。

在实际测量时，如果直接把电极夹在试样的两相对面，电流将同时通过试样体内和表面，测得的电流就是体积电流和表面电流之和，电阻就相当于表面电阻和体积电阻并联后的总电阻。本实验采用的是如图 20-2 所示的特殊三电极系统。测试体积电阻时，测量电极连接低压端，高压电极连接高压端，保护电极接地，只可能产生体积电流，不会产生表面电流；测试表面电阻时，测量电极连接低压端，环形保护电极连接高压端，而高压电极接地，这样电流只会流过试样的表面，不会产生体积电流。

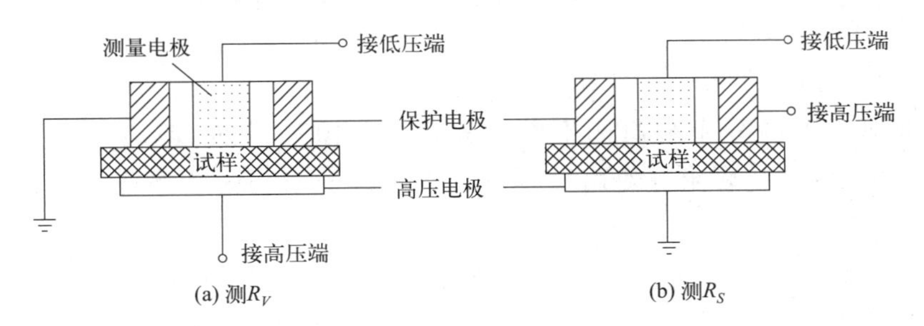

图 20-2　三电极系统接线示意图

对聚合物的电阻进行测量常遇到的一个突出问题是介质吸收现象。测量时，指针指示的电阻值不断增加，而测量到的电流随时间而衰减，即开始观察到的电流大于实际的电导电流（最终趋近的恒定电流值）。这是由聚合物在电场中的极化引起的，即类似于电容器的充电电流随着电容不断充满而不断减小。由于不同聚合物的极化过程长短不一，因此介质吸收电流持续的时间也不一样，这就给聚合物电阻的精确测量带来了难度。对于体积电阻率小于 10^{10}Ω·m 的材料，电流通常在 1min 内即可达到稳定状态。一般情况下，取合上测试开关后 1min 时的读数。对于具有更高体积电阻率的材料，电流减小并趋于稳定的过程可能会持续几分钟、几小时甚至几天、几周。对于这样的材料，可采用较长的施加电压时间。

高分子是由很多原子通过共价键连接形成的，分子中一般没有自由电子和自由离子（高分子电解质除外），因此高分子材料的导电能力很低，多为优良的绝缘材料。一般认为聚合物中导电因素是小杂质，称为杂质电导。也有特殊结构的高分子，如具有共轭结构的导电高分子、电荷转移型聚合物、掺杂型高分子、离子电导型聚合物等，呈现半导体或者导体的性质。从导电机理来看，聚合物存在电子电导和离子电导两种，载流子可以是电子、空穴，也可以是正、负离子。聚合物的导电性受湿度的影响，湿度增加电导增加，影响程度还与聚合物本身的极性和多孔性有关。极性聚合物亲水，尤其是在具有多孔时，吸水性增加，导电性会大幅增加；非极性聚合物憎水，表面不被水分润湿，导电性受湿度影响较小。聚合物的电导随着温度的升高会急剧增加，这主要是因为随着温度的升高，聚合物中载流子浓度和活动能力急剧增加。此外，在玻璃化转变前后，聚合物的电阻率也会发生突然的转折，这是由于聚合物链段活动能力的增加导致了载流子迁移率的增加，这种性质可以用来测定聚合物的玻璃化转变温度。

本实验测量聚合物的电阻采用的是高阻计。高阻计的基本工作原理为串联分压，即被测试样与高阻抗直流放大器的输入电阻 R_0 串联并跨接于直流高压测试电源上，两者由于电阻不同而承受的电压不同。被测试样电阻 R_x 上的分压信号经放大后输出到显示器上，由显示器直接读出被测绝缘电阻值。

20.4 设备与材料

（1）设备

上海安标电子有限公司的 PC40B 型高绝缘电阻测量仪（高阻计），适用于测量绝缘材料、电工产品、各类元器件的绝缘电阻，测量的电阻范围在 $2\times10^5\sim1.999\times10^{12}\Omega$；游标卡尺。

（2）材料

热塑性或热固性高分子材料的平板试样。参照国家标准 GB/T 31838.2—2019 和 GB/T 31838.3—2019 的要求，使用长和宽大于或等于 100mm、厚度为（1.0±0.5）mm 的平板试样。

测试试样的数量应至少为 3 个；试样应在温度 23℃、相对湿度 50%的环境条件下进行至少 4 天的预处理。试样应在实验环境下至少放置 24h。在加装电极前，至少在 5 个不同点上测量材料的厚度，试样厚度和电极尺寸的精确度要求为±1%。如果没有特殊要求，不应对试样进行清洁，避免试样被污染。

20.5 实验步骤

（1）测试准备

①“电源开关”置于“关”的位置。

②“定电压选择”开关置于所需要的电压挡（一般额定电压为 100V）。

③“方式选择”开关置于“放电”位置。

④“电阻量程选择”开关位置：对被测物的阻值范围进行估计并选择相应的挡位；如果被测物的阻值未知，则选 $10^6\Omega$ 挡位（对于电阻值大于 $10^{12}\Omega$ 的被测试样，则选

$10^{12}\Omega$ 挡位)。

⑤“定时”设定开关置于“关”的位置(对于电阻值大于 $10^{12}\Omega$ 的被测试样，还需将“时间”设定拨盘拨至“99”位置)。

(2) 接通电源

合上电源开关，电源指示灯亮，预热 10min。

(3) 体积电阻测试

将被测材料置于电极箱内，参照图 20-2 三电极系统接线将试样放在高压电极与测试电极/保护电极之间，并确保测试电极和保护电极被隔开。将箱内红色鳄鱼夹夹住测量电极，黑色鳄鱼夹夹住保护电极(务必确保电极之间不能接触，以免形成短路损坏仪器)。盖上电极箱盖子，将电极箱上的选择开关调整到体积电阻 R_V 位置。

(4) 测试纯电阻型试样

将“方式选择”开关置于“测试”位置，即可读取电阻值。在测试绝缘电阻时，如发现显示值不断上升，这是由介质吸收现象所致，一般情况下取其测试开始后 1min 时的读数作为被测物的绝缘电阻值。可以使用定时器，即将“定时”设定开关位于“开”的位置，待到达设定时间，即可自动锁定显示值。再进行下一次测试前，将“定时”开关调回到“关”的位置。(对于电阻值大于 $10^{12}\Omega$ 的被测试样，将“方式选择”开关置于“充电”位置，将“定时”设定开关位于“开”的位置，待“时间”显示器显示 3min 时，将“方式选择”开关置于“测试”位置，进行测试。)

电阻量程的选择：在测试过程中，如果显示值在 0.200 以下，则将“电阻量程选择”开关降低一挡。若“电阻量程选择”开关降至最小 $10^{6}\Omega$ 挡，显示值仍在 0.200 以下，则说明被测试样的电阻处于高阻计最小量限 200kΩ 之外，应立即将“方式选择”开关置于“放电”位置，并停止测试，以免损坏仪器。如果显示值为 1.999，则说明被测试样的电阻大于当前所选电阻量程，应将“电阻量程选择”开关逐挡升高，直至读数处于 0.200～1.999 之间。若将“电阻量程选择”开关升至 $10^{15}\Omega$ 挡，显示值仍为 1.999，则说明被测试样的电阻处于仪器最大量限外，应立即将“方式选择”开关置于“放电”位置，并停止测试，以免损坏仪器。

注意：在测试过程中，对于电阻值大于 $10^{12}\Omega$ 的被测试样，“电阻量程选择”开关变动后，需要对试样“充电”3min。

(5) 测带容性试样

先将“方式选择”开关置于“充电”位置，对被测物经一定时间的充电后(视被测物容量大小而定，一般为 15s，当电容或电阻值大时，可适当延长充电时间)再按照步骤(4)测试。

(6) 仪器读数

将仪器上的读数(单位 Ω)乘以“电阻量程选择”开关所指示的倍率，即为被测物的绝缘电阻值。

(7) R_S 的测定

R_V 测试完毕后，将“方式选择”开关调至“放电”位置后，将电极箱上的选择开关置于表面电阻 R_S，重复步骤(4)～(6)，测定 R_S。

（8）测试完毕后，将“方式选择”开关调至“放电”位置后才可以拆下被测试样；如被测试样的电容较大则需经 1min 左右的放电后再拆下被测试样。

（9）切断电源，检查并确认高阻计面板上所有开关恢复至测试前的位置。拆除所有接线并将仪器放至保管处。

20.6 数据记录与处理

（1）实验记录

仪器型号：____________；试样名称：____________；

温　　度：____________；湿　　度：____________；

实验时间：____________。

编号	试样厚度/cm	测试电压/V	R_V/Ω	$\rho_V/\Omega\cdot cm$	平均$\rho_V/\Omega\cdot cm$	R_S/Ω	ρ_S/Ω	平均ρ_S/Ω
1								
2								
3								
……								

注：试样的厚度为至少五处测量值的平均值。

（2）数据处理

实验设备采用的三电极的主要尺寸：测量电极直径$d_1=5\text{cm}$；保护电极内径$d_2=5.4\text{cm}$；保护电极与测量电极之间的间隙 $g=0.2\text{cm}$。

体积电阻率ρ_V（$\Omega\cdot\text{cm}$）：

$$\rho_V=R_V\frac{S}{h} \tag{20-5}$$

$$S=\frac{\pi}{4}(d_1+g)^2=21.237(\text{cm}^2) \tag{20-6}$$

式中，h 为试样的厚度。

表面电阻率ρ_S（Ω）：

$$\rho_S=R_S\frac{2\pi}{\ln(d_2/d_1)}=R_S\frac{2\pi}{81.6} \tag{20-7}$$

高阻计测出试样的体积电阻和表面电阻，通过式(20-5)～式(20-7)计算得到试样的体积电阻率和表面电阻率。

20.7 实验注意事项

① 试验施加电压所产生的极化效应会影响下一次测量结果，因此连续两次测量期间应保证足够长的时间间隔，以消除极化效应。对于体积电阻不大于 $10^{12}\Omega$ 的材料，1h 的时间间隔是足够的。材料连续多次测量后由于极化导致无法测量，此时应停止测试，将材料置于干净处 8～10h 后再测试或用无水酒精清洗、烘干、冷却后再测量。

② 测试高值电阻时，一般选用的额定电压为 100V；在测试电阻率较大的材料时，由于材料易极化，应采用较高的测试电压。在进行体积电阻和表面电阻测量时，应先测

体积电阻再测表面电阻，否则由于材料被极化而影响体积电阻。同一试样采用不同电压测量时，一般情况下所选择的电压越高所测电阻值越低。

③ 测试时，人体不能触及仪器的高压输出端及其连接物，以防高压触电危险。同时仪器高压端也不能碰地，避免造成高压短路。

体积/表面电阻和体积/表面电阻率的测量受多方面（温度、湿度、频率、电压、条件处理、电极等）因素的影响，经验表明，再现性为50%以上，重复性在20%～50%之间。

思考题

① 聚合物的导电性能（电阻性能）与聚合物的结构有什么关系？试举例说明。

② 聚合物的电阻率的测定受到哪些因素的影响？如何影响的？

③ 什么是聚合物电阻测试过程中的介质吸收现象？针对介质吸收现象，在测试过程中应如何处理？

④ 聚合物的电阻（率）测试的不确定性和难度主要来源于哪些方面？

⑤ 理论上饱和非极性聚合物具有良好的电绝缘性能，其体积电阻率可以达到 $10^{23}\Omega\cdot m$，但实测值却要低好几个数量级。讨论可能的原因有哪些。

实验 21 聚合物维卡软化点的测定

21.1 实验背景

聚合物在温度升高过程中表现出来的玻璃化转变，理论上是小链节到链段的运动，材料的变形明显增加；在实际应用中，直接表现为材料在低于玻璃化转变温度时就发生软化，从而影响了材料的使用性能。所以，常说的聚合物软化温度，并不完全等同于玻璃化转变温度。软化温度的高低代表了材料耐热变形的能力，可以用材料在温度升高时保持其物理机械性能的行为来衡量。通常用维卡（Vicat）耐热和马丁（Martens）耐热以及热变形温度等测试方法来测试塑料的耐热性能，不同方法的测试结果相互之间无定量关系，它们可用来对不同塑料材料作相对比较。其中，塑料的软化点 T_s 是借助于一定负荷下，测试其到达某一规定形变值时的温度。因为不同的测试方法各有其规定选择的参数，所以软化点的物理意义不像玻璃化转变温度那样明确。

21.2 实验目的

① 了解表征聚合物材料的耐热性能的概念。

② 理解聚合物材料维卡软化点测定的原理。

③ 掌握热塑性塑料的维卡软化点的测试方法。

④ 测定聚乳酸（PLA）试样的维卡软化点。

21.3 实验原理

维卡软化点是测定热塑性塑料于特定液体传热介质中，在一定的负荷、一定的等速升温条件下，试样被 $1mm^2$ 针头压入 1mm 时的温度。实验测得的维卡软化点适用于控制质量和作为鉴定新品种热性能的一个指标，但不代表材料的实际使用温度。

不同材料的维卡软化点可根据国家标准 GB/T 1633—2000 进行测定，该标准规定了四种测定热塑性塑料维卡软化点温度（VST）的试验方法。分别为：

A_{50} 法：使用 10N 的力，加热速率为 50℃/h；

B_{50} 法：使用 50N 的力，加热速率为 50℃/h；

A_{120} 法：使用 10N 的力，加热速率为 120℃/h；

B_{120} 法：使用 50N 的力，加热速率为 120℃/h。

该标准规定的四种方法仅适用于热塑性塑料，所测得的是热塑性塑料开始迅速软化的温度。

21.4 设备与材料

（1）设备

本实验使用维卡软化点温度测定仪进行测定，测试装置原理如图 21-1 所示。其中压针是硬质钢制成的长 3mm、横截面积为（1.000+0.015）mm^2 的圆柱体，压针平端与负载杆成直角，不允许带毛刺等缺陷。实验温度通过加热浴槽控制，应选择对试样无影响的传热介质，如硅油、变压器油、液体石蜡、乙二醇等，本实验选用甲基硅油为传热介质，采用B50法进行测试。

（2）材料

实验采用PLA试样，厚度应为3～6mm，宽和长至少为10mm×10mm，或直径大于10mm。当试样厚度超过6mm，易造成温度滞后，而试样小于3mm时易造成试样刺破，因此，需要控制厚度在3～6mm内。当厚度不足3mm时，可由不超过3块的试样叠合成厚度大于3mm。在横向上，应控制压入点距离边缘在2mm以上，这样可以保证试样不会开裂。

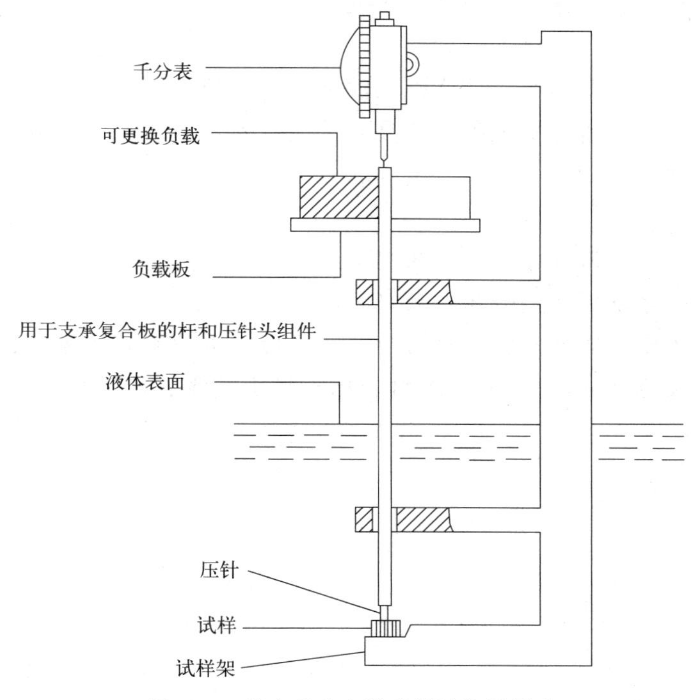

图21-1　维卡软化点温度测试装置原理

21.5　实验步骤

① 取出试样架，将试样水平放置在未加负荷的压针下面，保证压针端部距试样边缘不小于3mm。

② 将试样架放入加热装置中，加热装置起始温度为20～23℃，将压针定位并稳定5min后，在载荷盘上加上所要求的重量，以使试样所承受的总轴向压力为（50±1）N，并将初始位置调至零点。

③ 以每小时（50±5）℃的速度等速升温，为保证温度均匀，在整个过程中应开动搅拌器。

④ 当压针压入试样内（1±0.01）mm时，记录此时的温度，即为该试样的维卡软化点。

21.6 数据记录与处理

① 不同厂家设备配置测试通道不同，记录试样在不同通道的维卡点温度，计算平均值。

② 记录试样名称、起始温度、砝码质量、传热介质等。

21.7 注意事项

① 设备使用前，必须检查设备接地良好。

② 设备在高温状态工作时，应注意避免烫伤；冷却时，在冷却管出口可能有高温气流喷出。

③ 装取试样时，注意不要将试样掉入油池内，若掉入，一定要取出后再进行试验。

④ 若实验中出现其他异常现象，应马上关闭仪器，停止操作。

思考题

① 哪些参数可用于衡量塑料材料的耐热性能？

② 有哪些方法可以提高塑料材料的耐热性能？

③ 采用维卡软化点温度比较材料的耐热性能时，需注意哪些事项？

④ 根据本实验的数据，分析 PLA 材料能否用于高温餐具，如果不能，你有怎样的改进思路？

第四章 综合与设计实验

前三章系统地介绍了高分子结构、性能以及分子运动的研究方法，这些方法之间关系紧密。高分子材料的不同结构决定了分子运动的不同规律，也表现出不同的材料性能。实践中，需要考虑结构、分子运动以及性能的综合影响，实现材料的有效控制。因此，单一的研究方法难以解决复杂的工程问题，如何综合应用这些方法解决实际问题值得深入思考。

本章以三个综合实验为例，练习使用经典理论解决实际工程问题，包括：综合应用各种研究手段实现材料的鉴别（实验 22)、制备不同结晶结构的聚丙烯实现材料力学性能的控制（实验 23)；学习应用经典理论开发新材料，即综合应用结构、分子运动以及性能的知识，开发形状记忆高分子材料（实验 24)。

实验 22　矿泉水瓶材料的分析

塑料瓶是广泛应用于生活的一种重要塑料制品，它的原料种类丰富，包括聚酯(PET)、聚乙烯（PE)、聚丙烯（PP）等多种材料。具有不易破碎、成本低廉、透明度高、食品级原料等特点，可用于饮料、食品、酱菜、蜂蜜、干果、食用油、农兽药等液体或者固体一次性塑料包装容器。其中，矿泉水瓶是大家最为熟悉的用途之一，为了保护环境和节约资源，人们经常将矿泉水瓶回收再利用，但由于瓶盖和瓶身材料不同，收购人员经常会把瓶盖和瓶身分开收集。那么二者的材料分别是什么呢？本实验需要同学们借助所学的高分子化学和高分子物理的知识，确定矿泉水瓶不同部分的材料。

22.1　实验任务

① 设计检测方案。

② 根据检测方案的需求，制备合理的样品进行检测。

③ 科学记录和分析数据，确定矿泉水瓶的材料种类。

拓展阅读

4-1
高分子与环境保护

22.2 具体要求

① 结合所学高分子溶液知识，选择合适的溶剂和溶解条件，制备矿泉水瓶材料的溶液。

② 小组讨论确定检测方案，提交实验教师同意后，制备可用于实验检测的样品。

③ 结合所学数据处理软件，处理实验数据，查阅文献分析数据，确定矿泉水瓶的材料种类。

22.3 实验报告要求

① 实验方案应详尽论述测试设备的选择依据、制样条件及测试条件。

② 完整记录实验过程和数据，科学地分析数据，总结其中结构与性能的关系。

思考题

① 为什么瓶盖和瓶身要选择不同材料？

② 矿泉水为什么不能盛开水？其中的依据是什么？

③ 矿泉水瓶是如何加工成型的？

实验 23　不同结晶结构聚丙烯的制备与力学性能研究

23.1　实验背景

聚丙烯（PP）是一种有着良好热性能和力学性能的热塑性树脂，它有等规、无规和间规三种构型，工业产品以等规物为主要成分。等规聚丙烯（iPP）是一种半结晶性聚合物，在加工成型过程中，由于受到加工温度、速度以及外界应力等的作用，结晶结构会发生很大变化，严重影响着最终材料的物理性能。通过控制结晶结构调节材料的性能，是结晶聚合物常用的性能调控手段。本实验通过研究聚丙烯结晶结构与拉伸性能的关系，讨论该类性能调控的方法。

23.2　实验目的

4-2
徐端夫院士与我国的丙纶事业

① 理解结晶结构调控材料性能的原理。

② 掌握聚合物结晶结构调控以及分析的方法。

③ 分析材料结晶结构与性能的关系规律。

23.3　实验原理

聚丙烯的结晶结构，如晶型、晶粒尺寸及结晶度等，都对材料性能有着显著影响。其中晶型结构的影响最为复杂，在不同的结晶条件下，聚丙烯可以形成 α、β、γ、δ 和拟六方型五种晶型。其中，α晶型是聚丙烯最常见最稳定的晶型，属单斜晶系，熔点为 180℃左右。β晶型属六方晶系，熔点为 145～150℃。γ 晶型属三斜晶系，是在高压作用下较易生成一种晶型，熔点比 α 晶型低约 10℃。δ 晶型只在间规聚丙烯或无规立构含量多的样品中能够观察得到。拟六方晶型也称次晶结构，它是在聚丙烯熔融后，急冷到 70℃以下，或在 70℃以下进行冷拉伸而生成的。

不同晶型的聚丙烯在外力（剪切和拉伸）或加热作用下，可以发生晶型转变。例如，处于热力学上亚稳态的 β 晶型在拉伸过程中容易转变成 α 晶型。除了外力作用，热处理也会使 iPP 的晶型发生转变，使亚稳态的 β 晶型向稳态的 α 晶型转变。因此，不同的晶型，结构不同，甚至相同的晶型结构，也会由于生成过程的差异而产生结构的差异，这就为调节材料的性能提供了条件。

本实验讨论常见的 α 晶型与 β 晶型对聚丙烯性能的影响。聚丙烯 α 晶型和 β 晶型的结晶形态和结晶结构存在较大差异，因此其性能迥异，α 晶型排列规整度高，因此其强度高，但相邻球晶边界清晰，易产生应力集中，因此当其受到外力作用时容易断裂，脆性大；β 晶型相邻球晶的片晶相互交错，界面模糊，不易形成应力集中，韧性较好。因此，可以根据应用的需求控制晶体结构获得所需材料。

工业上采用成核剂控制晶体结构是一种方便、易行的方法。例如，β 成核剂可以有效提高聚丙烯 β 晶型的含量，对提升聚丙烯材料综合性能具有现实意义。常用 β 成核剂包括脂肪二羧酸盐、芳香胺类 β 成核剂、稀土类 β 成核剂等。因此，本实验借助于 β 成核剂控制聚丙烯的晶型结构，利用热处理实现 β 晶型向 α 晶型的转化，考察不同晶体结构的聚丙烯性能的变化，深入理解材料结构与性能的关系。

23.4 设备与材料

（1）设备

控温烘箱、开炼机、X射线衍射仪、万能试验机、冲击实验仪。

（2）材料

聚丙烯、β成核剂。

23.5 实验步骤

23.5.1 拉伸测试

① 借助于开炼机或密炼机等混炼设备制备成核剂含量（质量分数）为0.1%的β-iPP。

② 采用平板硫化机，温度升高到200℃，将β-iPP在10MPa模压成力学性能或X射线衍射测试所需的片材或薄膜。

③ 通过退火获得具有不同结晶结构的材料，可在90～160℃之间，间隔20℃任取3～5个温度点退火12h；或者其中一个恒定的温度退火0.5～12h，得到系列样品。

④ 退火处理后，将样品冷却至室温，并且在测试之前样品在室温条件下至少放置48h。

⑤ 由于对比研究的需要，将不加成核剂的iPP在230℃模压后，作为α-iPP。

23.5.2 结晶结构研究

将不同条件制备的聚丙烯样品，按照本书实验6提供的方法，进行X射线衍射实验，根据所得曲线分析晶体结构与结晶度。

23.5.3 力学性能测试

将上述样品根据本书实验12、13、14的实验方法，进行拉伸、弯曲与冲击性能测试。

23.6 数据记录与分析

① 记录不同样品的应力-应变关系曲线，分析退火条件与材料拉伸性能的关系规律。

② 记录材料冲击性能与退火条件的关系，分析退火对材料冲击性能的影响。

③ 获得不同样品的WAXD衍射图，查阅文献，确定晶体结构类型及晶体含量。

④ 分析不同样品的性能与晶体结构的关系，总结结构对性能的影响规律。

思考题

① 请查阅文献，讨论退火除了影响材料结晶度与晶型结构外，还可能会对材料的结晶结构造成怎样的影响？

② β-iPP在160℃下退火得到的材料与纯iPP在性能上有哪些差别？为什么？

③ 聚丙烯有哪些晶型结构？分别通过怎样的方式获得？

实验 24 形状记忆的聚乳酸/聚碳酸亚丙酯共混材料的结构与性能

24.1 实验背景

热致型形状记忆聚合物是材料在受到热刺激后做出响应，分子运动发生相应的改变，实现形状记忆及回复的一类高分子。聚乳酸形状记忆材料具有优越的生物相容性和生物可降解性，可广泛用于环保、医疗以及航空航天等领域中可自展开结构的智能材料。但该类材料存在质地脆、耐热性较差、韧性低等缺点，这使其在常温下拉伸易发生脆性断裂，且聚乳酸形状记忆回复温度较高，极大地限制了其形状记忆特性的发挥。因此，本实验通过共混来弥补聚乳酸材料的不足，研究共混对材料结构、性能和功能的影响规律，实现对聚乳酸形状记忆材料结构与性能的调控。

4-3
"卡脖子"材料——丙交酯

24.2 实验目的

① 了解形状记忆高分子的机理和研究进展。

② 理解结构对分子运动的影响，以及分子运动对材料性能与功能的影响。

③ 掌握结构-分子运动-性能关系的研究方法。

④ 体会高分子物理理论核心思想在新型材料开发中的作用。

24.3 设备与材料

（1）设备

DSC-TG1 差示扫描量热仪；Nova Nano SEM450 型高分辨扫描电镜；AL-7000M 万能试验机；电热鼓风干燥箱；控温水浴箱。

（2）材料

聚乳酸［poly（lactic acid），PLA］；聚碳酸亚丙酯［poly（propylene carbonate），PPC］。

24.4 实验步骤

（1）试样制备

通过熔融共混法制备 PLA/PPC 共混物（质量比为 100/0、70/30、30/70 和 0/100），将混炼好的共混物在平板硫化机上于 170℃下压制成 1mm 厚的片材，裁成拉伸实验的哑铃型试样。

（2）热分析

采用差示扫描量热仪（differential scanning calorimete，DSC）对共混物进行热分析，得到共混物的 T_g、熔点（T_m）等热性能参数。

（3）力学性能测试

采用万能试验机以 20mm/min 的拉伸速度进行拉伸测试。

（4）微观形貌分析

将低温脆断样品喷金处理，用扫描电镜观察其微观形貌。对于共混物样品，需要在乙醇：丙酮为 1：1 的试剂中超声刻蚀、喷金后观察。

（5）形状记忆性能测试

将长条状样品在 60℃下对折（或自由设计形状），后迅速移入冷水中冷却获得临时形状，然后在不同温度下回复，使用手机拍照记录回复过程。

24.5 数据记录与处理

① 记录不同组成的 PLA/PPC 共混物的 DSC 曲线，分析结构与玻璃化转变温度以及相容性之间的规律。

② 研究不同组成共混物的应力-应变曲线，总结组成对力学性能的影响规律，并从分子运动的角度分析原因。

③ 观察不同组成共混物的 SEM 图像，分析微观结构与组成的关系规律，并从相结构的角度分析力学性能变化的原因。

④ 记录不同组成、不同温度样品的形状记忆数据，总结形状记忆功能规律，结合 SEM 和 DSC 结果分析原因。

思考题

① 除了本实验的热致形状记忆高分子外，形状记忆高分子还有哪些类型？请阐述它们的记忆机理。

② 本实验中，共混给 PLA、PPC 的分子运动分别带来怎样的影响？这种影响与形状记忆功能有怎样的关系？

③ 芳香族聚碳酸酯的 T_g 约为 150℃，常温下具有良好的韧性；但本实验中 PLA 的 T_g 为 56℃，常温下却很脆，请分析原因，并分析分子链刚性与强迫高弹形变的关系。

④ 查阅文献，设计一种具体应用场景的形状记忆高分子，重点阐述达到应用目标的策略。

常用数据与软件操作指南

附录一　以光散射法标定的常见聚合物的 K 和 α 值

聚合物	溶剂	温度/℃	$K\times10^2$/(mL/g)	α
聚乙烯(低压)	α-氯萘	125	4.3	0.67
	对二甲苯	105	1.65	0.83
	联苯	127.5	32.3	0.50
	十氢萘	135	6.77	0.67
	苯	25	0.92	0.74
聚乙烯(高压)	十氢萘	135	4.6	0.73
	四氢萘	120	2.36	0.78
等规聚丙烯	十氢萘	135	1.00	0.80
	α-氯萘	139	2.15	0.67
间规聚丙烯	庚烷	30	31.20	0.71
无规聚丙烯	十氢萘	135	1.10	0.80
无规聚苯乙烯	环己烷	35	7.60	0.50
	苯	20	1.23	0.72
等规聚苯乙烯	甲苯	25	1.70	0.69
聚氯乙烯	四氢呋喃	25	1.50	0.77
	环己酮	25	17.40	0.55
聚甲基丙烯酸甲酯	丙酮	25	1.98	0.66
	丁酮	20	0.35	0.81
聚丙烯酸乙酯	丙酮	20	5.10	0.59
聚丙烯腈	二甲基甲酰胺	25	2.33	0.75
	二甲基亚砜	20	3.21	0.75
	硝酸溶液(60%)	20	3.07	0.75
聚碳酸酯	氯仿	20	3.99	0.70
聚甲醛	二甲基甲酰胺	150	4.40	0.66
聚乙烯醇	水	25	6.7	0.55
聚环氧乙烷	K_2SO_4 水溶液(0.45mol/L)	35	13	0.50
尼龙 6	甲酸	25	22.6	0.82
尼龙 66	甲酸	25	35.3	0.79
聚二甲基硅氧烷	甲苯	20	0.74	0.72
天然橡胶	环己烷	27	3	0.70
聚异戊二烯(顺式)	甲苯	30	2	0.73

续表

聚合物	溶剂	温度/℃	$K\times10^2$/(mL/g)	α
聚异戊二烯(反式)	苯	32	4.37	0.65
聚 1-丁烯(无规)	苯甲醚	86.2	12.3	0.50
聚 1-丁烯(等规)	十氢萘	125	0.95	0.73
聚葡萄糖苷	水	20	9	0.5
直链淀粉	二甲基亚砜	25	0.86	0.76

附录二　常见聚合物的 θ 条件

聚合物	溶剂	θ 温度/℃
聚 1-丁烯(无规)	苯甲醚	86.2
聚乙烯	二苯醚	161.4
	联苯	125
	正戊烷	85
	二苯基甲烷	142.2
聚异丁烯	甲苯	−13.0
	乙苯	−24.0
	苯	24
聚丙烯(无规)	氯仿/正丙醇(74/26)	25.0
	四氯化碳/正丁醇(67/33)	25.0
聚苯乙烯(无规)	环乙烷	35.0
	十氢萘	31.0
	甲苯/甲醇(80/20)	25.0
	苯/异丙醇(66/24)	20.0

聚合物	溶剂	θ 温度/℃
聚甲基丙烯酸甲酯(无规)	丙酮	−55.0
	丙醇/乙醇(47.7/52.3)	25.0
	甲苯/甲醇(35.7/64.3)	26.2
	四氯化碳/甲醇(53.3/46.7)	25.0
	苯/异丙醇(62/38)	20.0
聚二甲基硅氧烷	乙酸乙酯	18.0
	氯苯	68.0
	甲苯/环乙醇(66/34)	25.0
聚乙酸乙酯	乙醇/甲醇(80/20)	17.0
	丁醇/异丙醇(73.2/26.8)	25.0
	丙酮/异丙酮(23/77)	30.0
聚氯乙烯	苯甲醇	155.4
聚丙烯(等规)	二苯醚	145～146.2
尼龙 66	2.3mol/LKCl 的 90%甲酸溶液	28.0

附录三　聚合物完全结晶体的密度和完全非结晶体的密度

聚合物	ρ_c/(g/cm^3)	ρ_a/(g/cm^3)	聚合物	ρ_c/(g/cm^3)	ρ_a/(g/cm^3)
聚乙烯	1.00	0.85	聚三氟氯乙烯	2.19	1.92
聚丙烯	0.95	0.85	聚四氟乙烯	2.35	2.00
聚丁烯	0.95	0.86	尼龙 6	1.23	1.08
聚异丁烯	0.94	0.86	尼龙 66	1.24	1.07
聚戊稀	0.92	0.85	尼龙 610	1.19	1.04
聚丁二烯	1.01	0.89	聚甲醛	1.54	1.25
顺-聚异戊二烯	1.00	0.89	聚氧化乙烯	1.33	1.12
反-聚异戊二烯	1.05	0.90	聚对苯二甲酸乙二酯	1.46	1.33
聚乙炔	1.15	1.00	聚碳酸酯	1.31	1.20
聚苯乙烯	1.13	1.05	聚乙烯醇	1.35	1.26
聚氯乙烯	1.52	1.39	聚甲基丙烯酸甲酯	1.23	1.17
聚偏氯乙烯	1.95	1.66	聚乳酸	1.29	1.24

附录四　GPC虚拟仿真软件操作指南

1. 修改学生机的站号、教师站IP地址等信息

① 鼠标右键点击屏幕右下角托盘区图标，在弹出菜单中选择“显示主界面”，如图附四-1所示。

② 在该界面中可修改教师站IP和本机站号，如图附四-2。

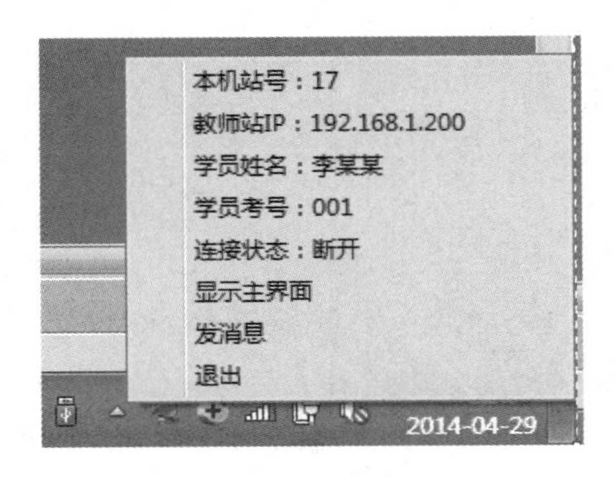

图附四-1

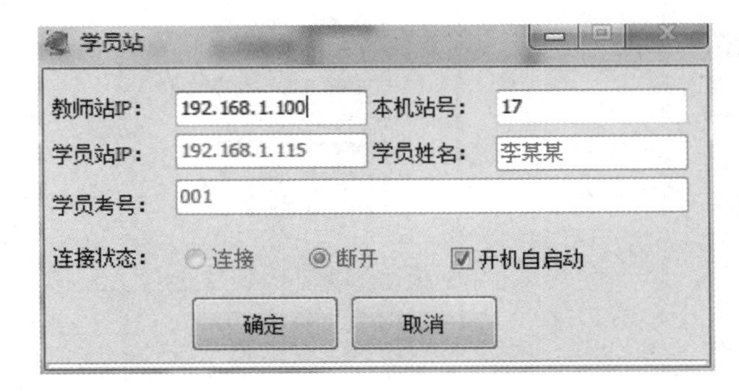

图附四-2

③ 也可在注册表中，修改上述信息，操作界面如图附四-3。

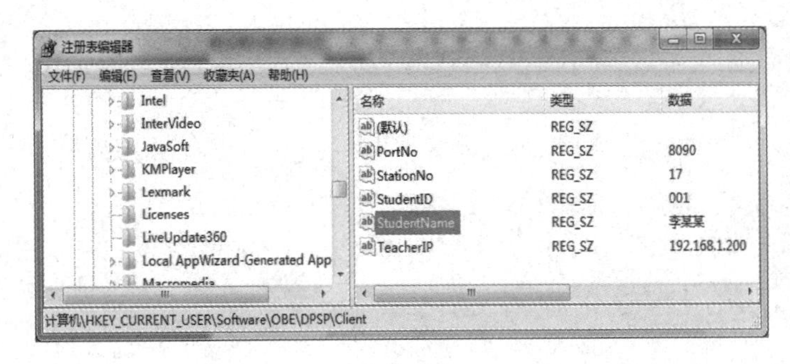

图附四-3

StationNo：本机站号；StudentID：学号；StudentName：学员姓名；TeacherIP：教师站

2. 软件操作

2.1　软件启动

双击桌面快捷方式，在弹出的启动窗口（图附四-4）中选择“单酚类化合物测定虚拟仿真软件”，培训项目选中“单酚类化合物组成及含量测定”，点击“启动”按钮，项目启动。

2.2　软件界面介绍

启动软件后，出现仿真软件加载页面，软件加载完成后进入仿真实验操作主界面（图附四-5），在该界面进行模式的选择，界面中显示三种学习模式，新手攻略、虚拟学习和实战演练。

选定模式后，点击确定按钮进入3D场景，任意模式下均可返回此主界面，但每个模式只能进入一次，右上方为工具条，如图附四-6，图标说明见表附四-1。

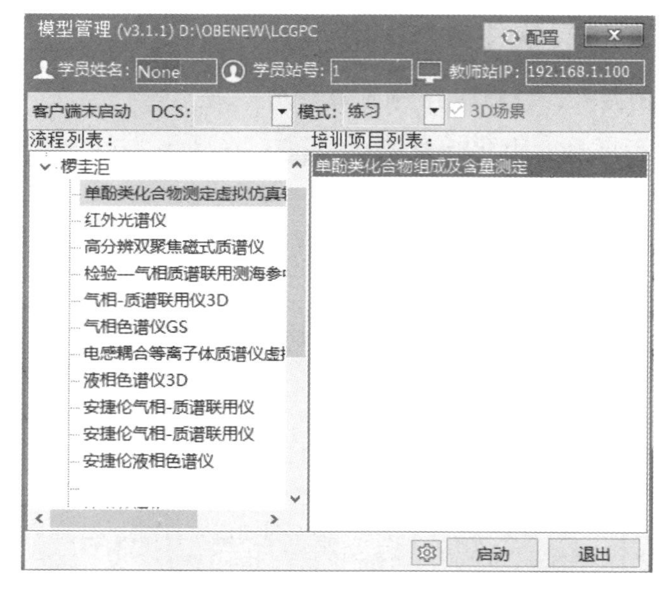

图附四-4

图附四-5

图附四-6

表附四-1　工具条图标说明

图标	说明	图标	说明	图标	说明	图标	说明
	运行选中项目		暂停当前运行项目		状态说明		保存快门
	停止当前运输项目		恢复暂停项目		参数监控		模型速率

2.2.1　新手攻略界面

此模式针对初次操作软件的人员，进入场景后通过提示（图附四-7）学习简单的操作方法，提示方法包括：

图附四-7

【操作指引】：文字进行操作描述，通过后可跳到下一条指引文字。

【点按指引图标】：指示当前应该操作的位置，通过后跳到下一操作位置。

【温馨提示】：文字进行当前操作的详细描述或显示提示信息，可手动关闭。

操作完成后可通过左上角的小图标返回初始模式选择界面，进行下一模块的操作。

2.2.2　虚拟学习界面

进入此模式可先进行理论知识的学习（图附四-8），进入场景后可根据步骤提示及高亮提示进行固定流程的操作，操作完成后可通过左上角的小图标返回初始模式选择界面，进行下一模块的操作。

界面下方为菜单功能条，右上方为返回按钮，可进入虚拟学习的 3D 场景。

【实验介绍】：介绍实验的基本情况，如实验内容、操作规程、理论知识和安全知识等。

【实验原理】：以 flash 的形式介绍实验原理。

【理论题】：点击跳出答题界面，一共五道选择题，每道题 20 分，满分 100 分，选择完成后，点击交卷，可查看成绩及每道题的答案解析，卷面分数超过 60 分可关闭答题界面。

【返回】：点击返回后进入 3D 操作场景（图附四-9）。进入虚拟学习的 3D 场景后，界面上方为菜单功能条。

【实验预习】：点击后可重复进入实验预习界面。

【实验报告】：点击跳出实验报告，学生可根据实验情况进行报告填写，将填写完的实验报告另存到所需位置。

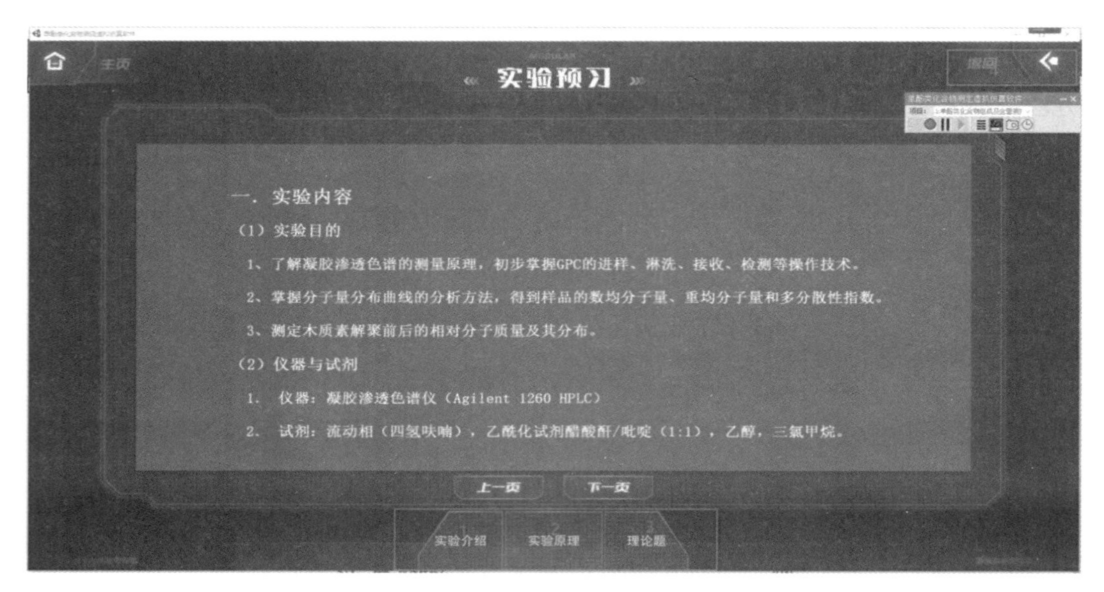

图附四-8

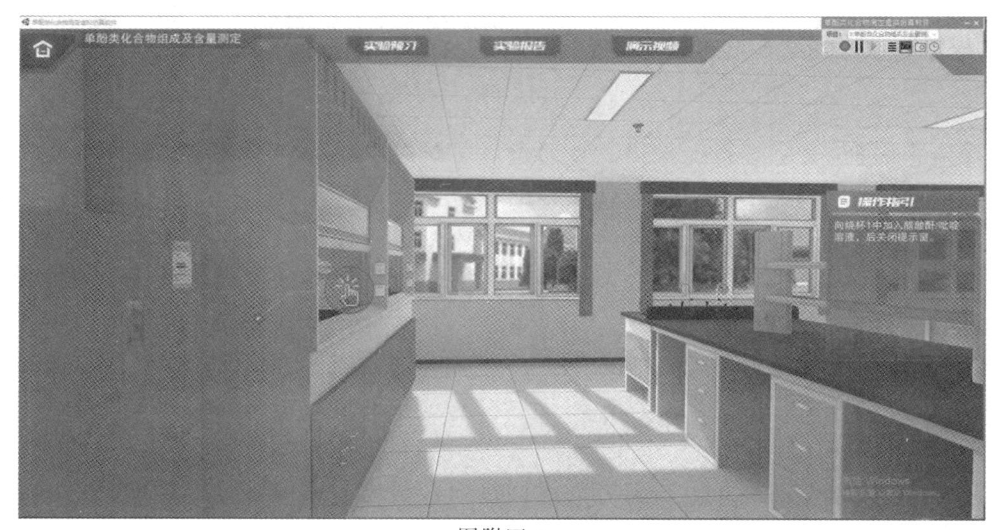

图附四-9

【演示视频】：以视频的方式为学生展示一个完整的操作过程。

2.2.3 实战演练界面

进入实战演练模式后（图附四-10），学生可自由操作，设置有评分界面，根据操作结果进行评分。操作完成后可通过左上角的小图标返回初始模式选择界面。

2.3 实验操作

① 鼠标指向高亮物体“烧杯 1”，右键单击，弹出“加入适量醋酸酐/吡啶”的命令（图附四-11），左键单击该命令，烧杯中出现溶液，同时弹出提示窗（图附四-12），查看后手动关闭提示窗。

图附四-10

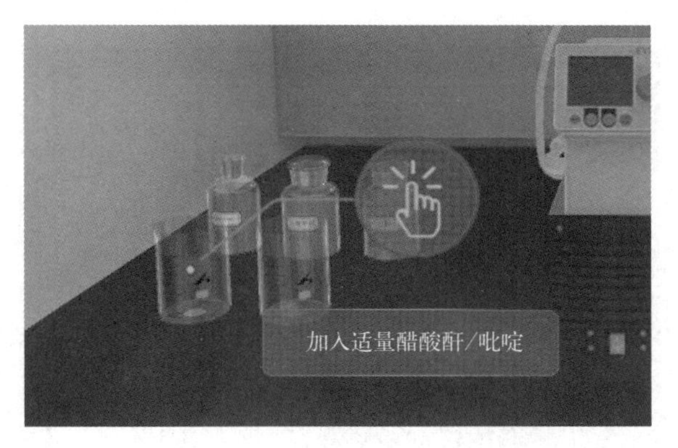

图附四-11

图附四-12

② 鼠标指向高亮物体“烧杯 2”，右键单击，弹出“加入适量醋酸酐/吡啶”的命

令，左键单击该命令，烧杯中出现溶液，同时弹出提示窗，查看后手动关闭提示窗。

③ 鼠标指向高亮物体“烧杯 1”，右键单击，弹出“旋蒸样品 1”的命令（图附四-13），左键单击该命令，烧杯 1 中液体转移到旋蒸仪中。

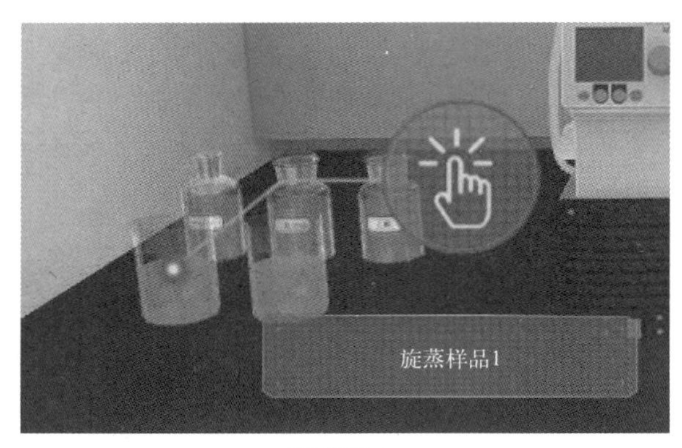

图附四-13

④ 鼠标指向高亮物体旋蒸仪“把手”，右键单击，弹出“将烧瓶放下”的命令（图附四-14），左键单击该命令，旋蒸仪整体下降，烧瓶没入水浴锅中（图附四-15）。

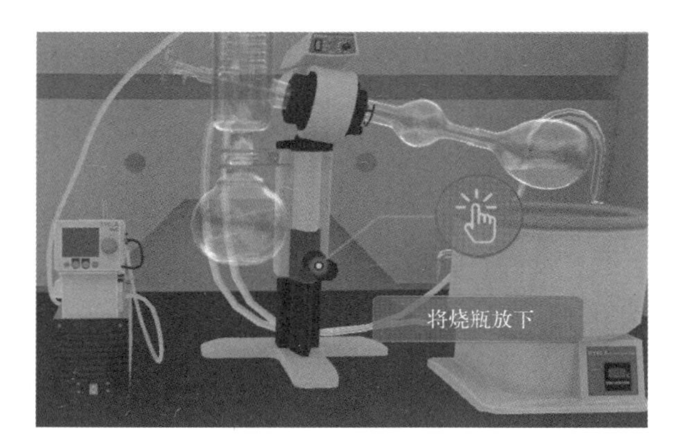

图附四-14

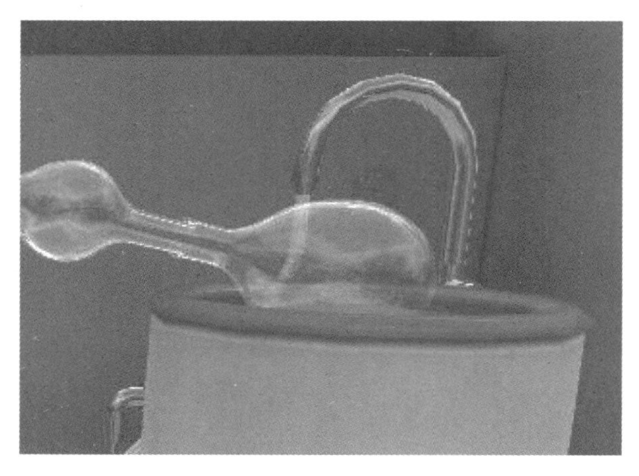

图附四-15

⑤ 鼠标指向高亮物“真空泵开关”（图附四-16），左键单击，打开真空泵开关。

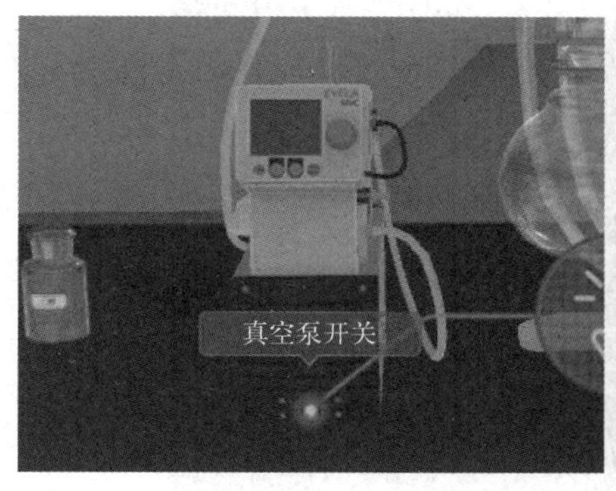

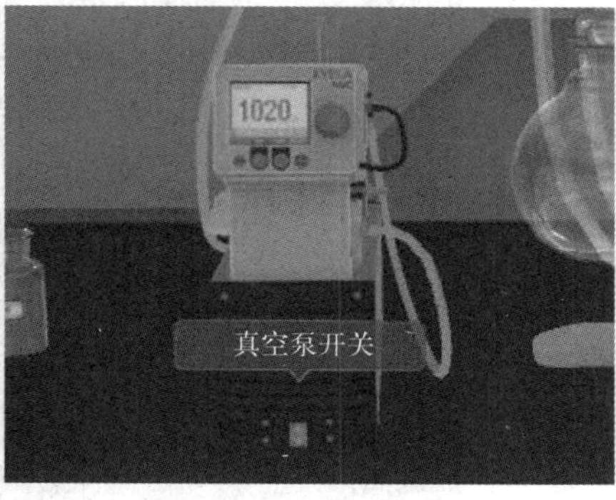

图附四-16

⑥ 鼠标指向“旋蒸仪开关”（图附四-17），左键单击，旋蒸仪开始工作，烧瓶中液体消失，回收瓶内液体出现后一次旋蒸结束，再次点击旋蒸仪开关处，关闭旋蒸仪开关，弹出提示窗，手动关闭后旋蒸操作结束。

⑦ 鼠标指向高亮物“真空泵开关”，左键单击，关闭真空泵开关。

⑧ 鼠标指向高亮物体旋蒸仪“把手”，右键单击，弹出“将烧瓶抬起”的命令，左键单击该命令，旋蒸仪整体抬起，烧瓶离开水浴锅。

⑨ 鼠标指向高亮物体“烧瓶 1”（图附四-18），右键单击，弹出“将样品溶于 1mL 四氢呋喃”的命令，左键单击该命令，烧瓶中液体消失，水浴锅旁样品小瓶中液体出现。

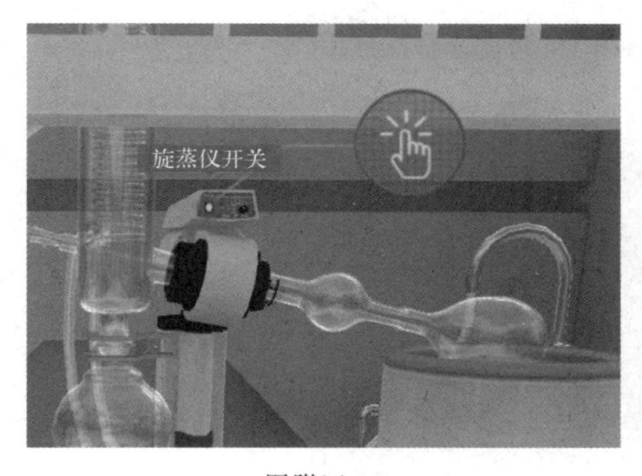

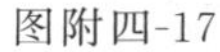
图附四-17

图附四-18

⑩ 鼠标指向高亮物体“烧杯 2”（图附四-19），右键单击，弹出“旋蒸样品 2”的命令，左键单击该命令，烧杯 2 中液体消失，同时弹出提示窗，查看后手动关闭提示窗。

⑪ 进入仪器室，鼠标指向高亮物体“样品瓶 1”（图附四-20），右键单击，弹出“过滤”的命令，左键单击该命令，执行过滤操作。“样品 2”的过滤方法相同。

⑫ 鼠标指向高亮物体“洗液瓶”（图附四-21），右键单击，弹出“移到进样盘”的命令，左键单击该命令，执行移到进样盘操作。同样操作将“待测样品瓶 1”和“待测样品瓶 2”移到进样盘。

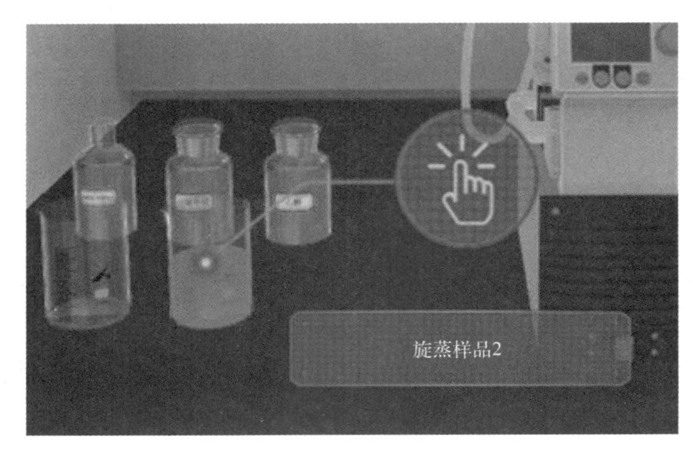

图附四-19

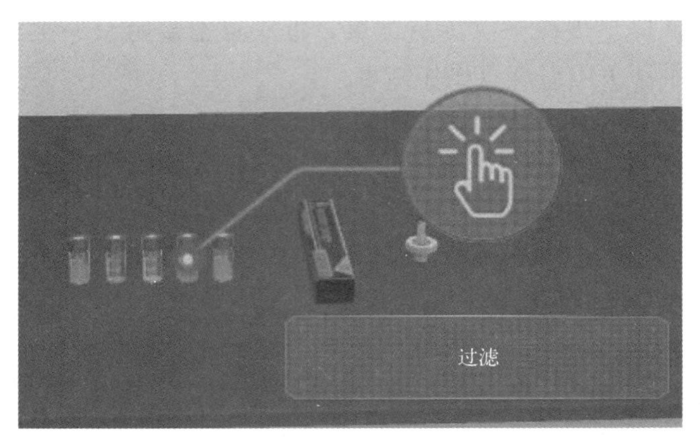

图附四-20

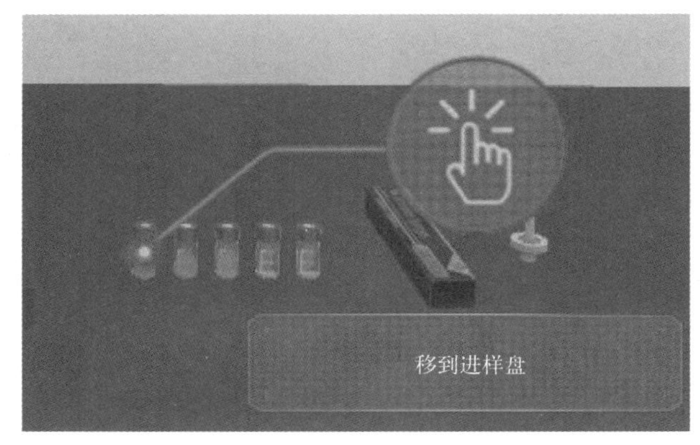

图附四-21

3. 操作实践

3.1　开机测试

① 鼠标指向高亮物体“脱气机开关”（图附四-22），左键单击，从上到下依次打开仪器各部分开关。

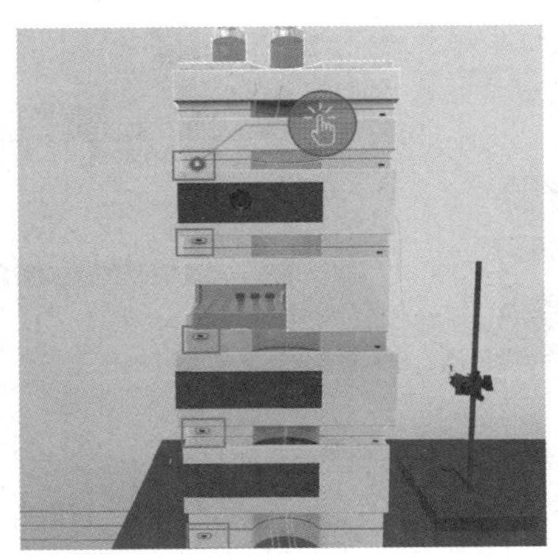

图附四-22

② 按“电脑主机”开关［图附四-23(a)］，打开电脑。然后点击桌面图标打开“工作站”［图附四-23(b)］。

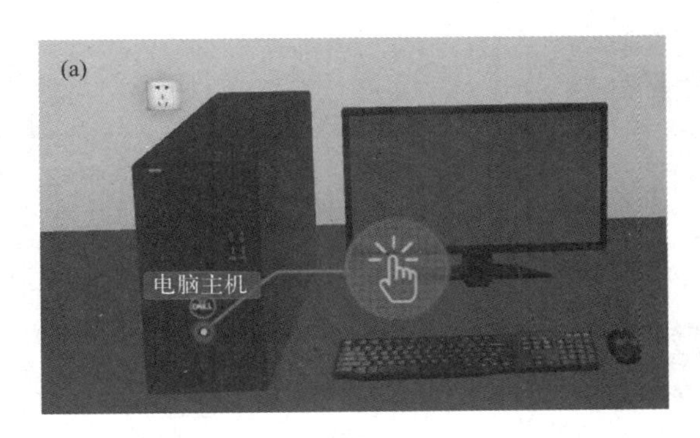

图附四-23

③ 鼠标左键单击工作站中的绿色“启动”按钮（图附四-24），等待仪器就绪（图附四-25）。

④ 编辑完整方法：在工作站窗口“方法”菜单下选择“编辑完整方法”命令，进入方法设置界面（图附四-26），选中除“数据分析”外三项，点击“确定”，弹出方法信息窗口（图附四-27），在该窗口中填入关于该方法的注释（也可不填），点击“确定”。

图附四-24

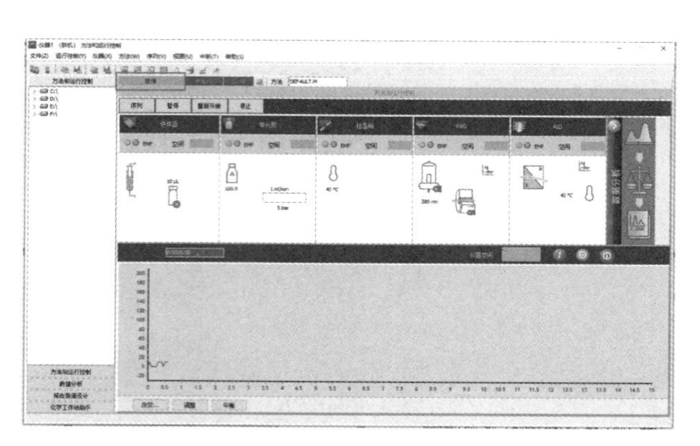

图附四-25

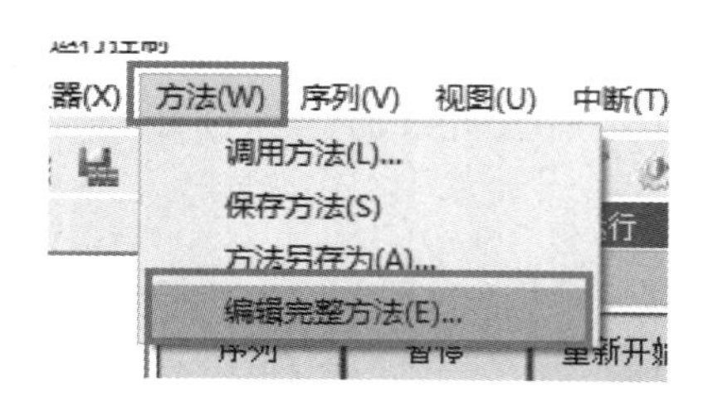

图附四-26

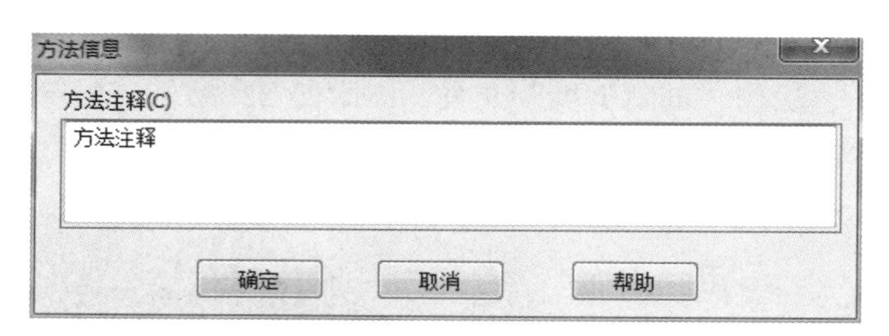

图附四-27

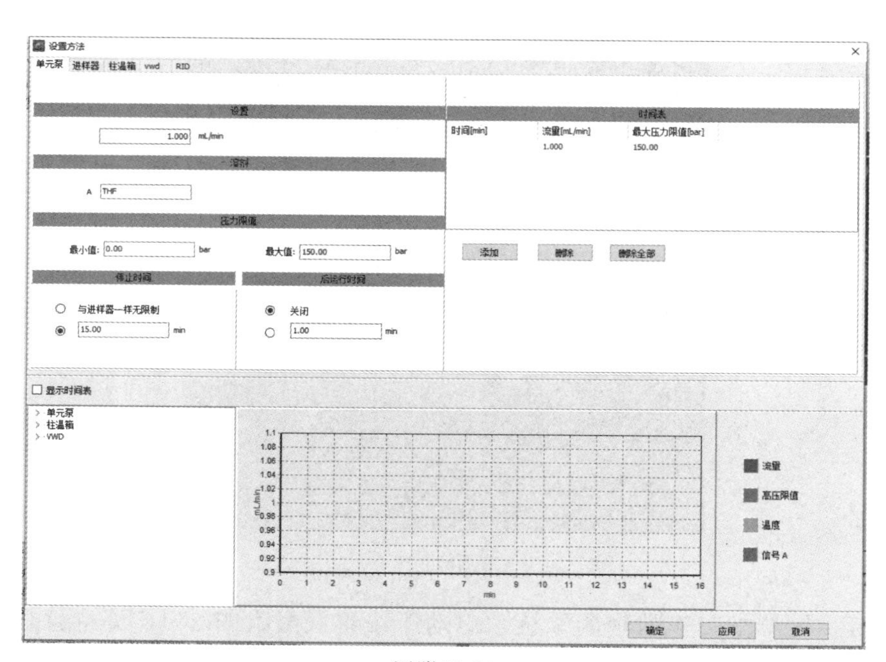

图附四-28

⑤ 单元泵参数设置（图附四-28）：流量 1mL/min，溶剂填入四氢呋喃英文简写（THF），停止时间 15min。

⑥ 进样器参数设置（图附四-29）：设置进样量，模式选择冲洗端口。

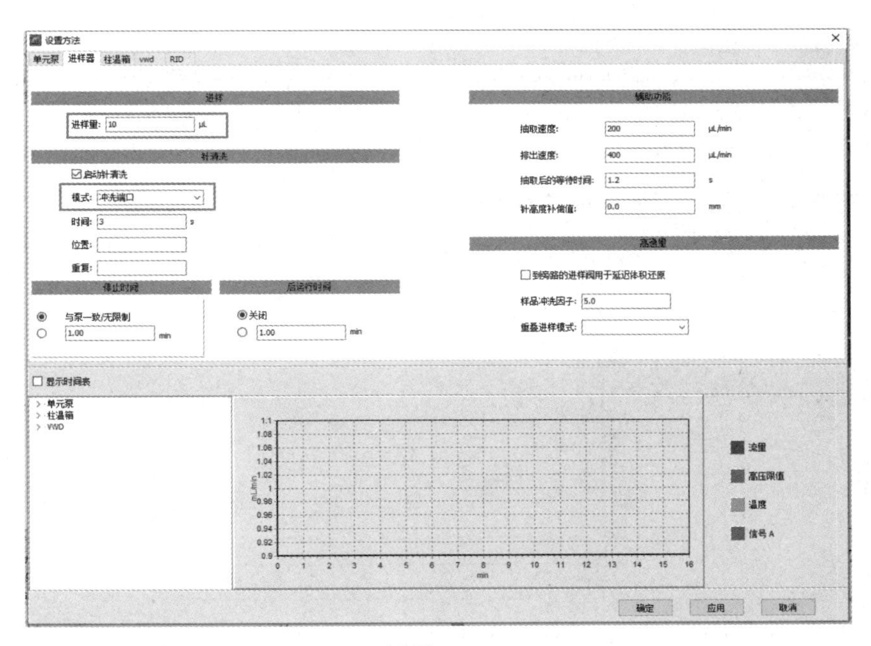

图附四-29

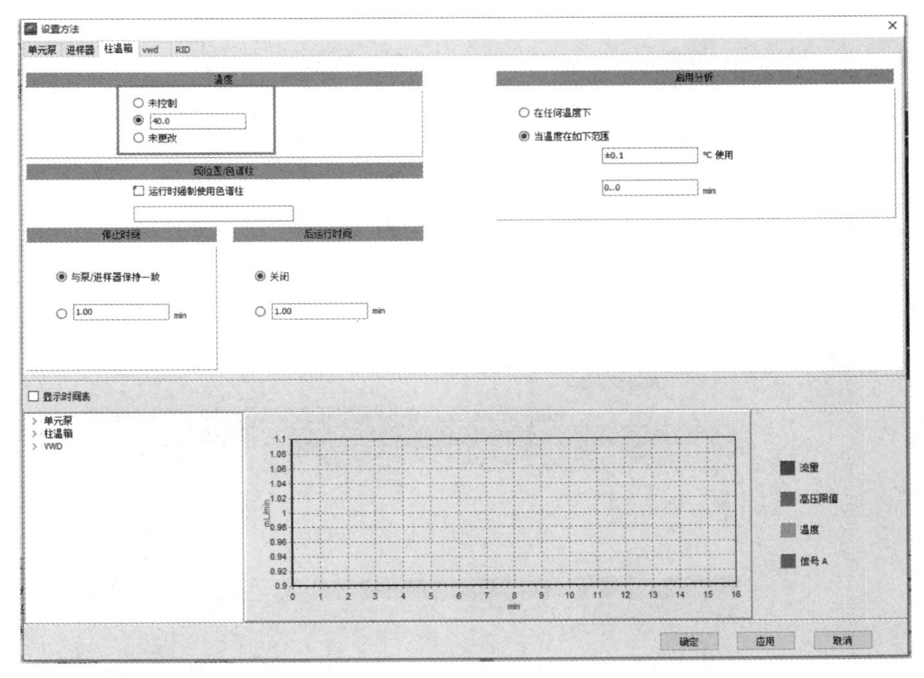

图附四-30

⑦ 柱温箱参数设置（图附四-30）：填入柱温箱温度 40℃。

⑧ VWD 参数设置（图附四-31）：在该界面中填入紫外检测信号 280nm，峰宽选 10Hz。

⑨ 参数设置完毕后，点击“仪器方法”界面的“确定”按钮，跳出“方法另存为”

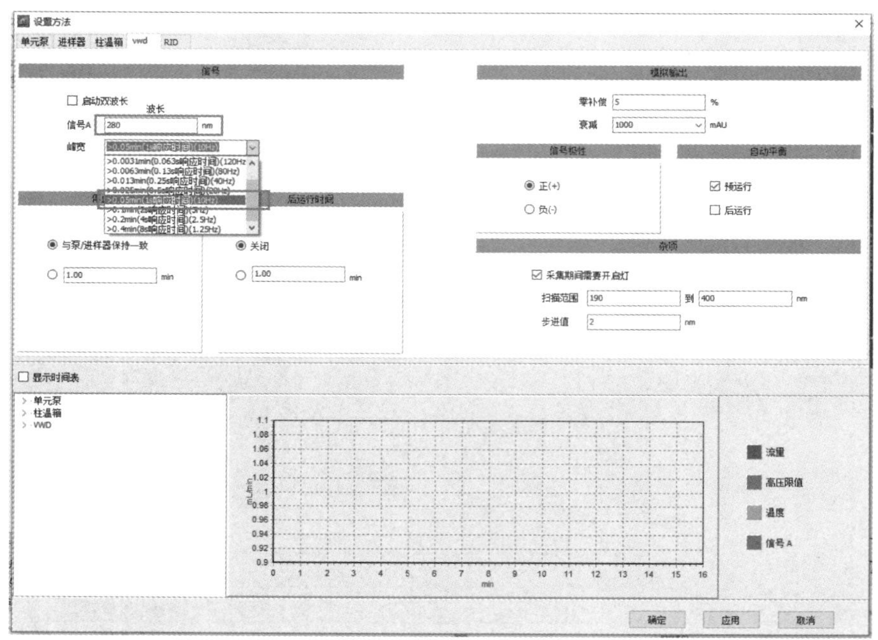

图附四-31

方法另存为

方法路径：

D:\OBENEW\LCGPC\Unity\data\task-1\DCS\method　浏览

方法文件：

方法.M

确定　取消

图附四-32

界面（图附四-32），输入方法名称，点击“确定”，完成方法的设置。

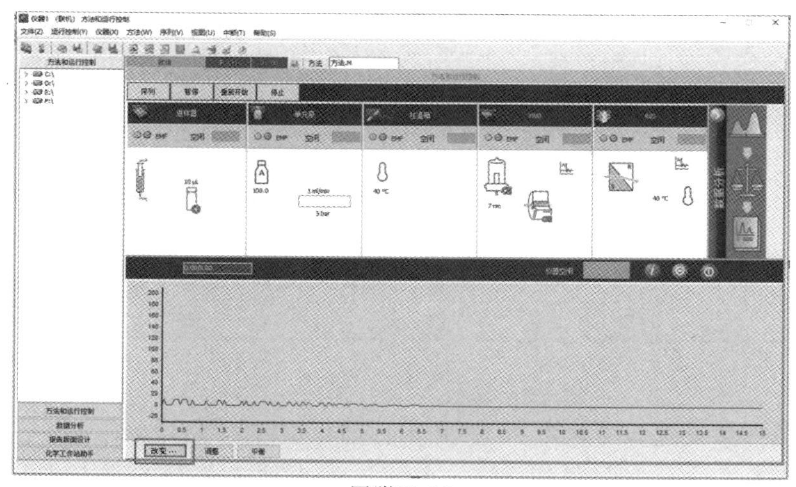

图附四-33

⑩ 回到工作站主界面，点击谱图横坐标下方的“改变”命令（图附四-33），弹出

编辑信号窗口（图附四-34）。从左侧选中 VWD 信号，然后点击添加命令，选中的信号即从左侧移至右侧方框中。同时，也可以填入数据对 x 轴和 y 轴的坐标范围进行改变，填写完成后，点击“确定”。

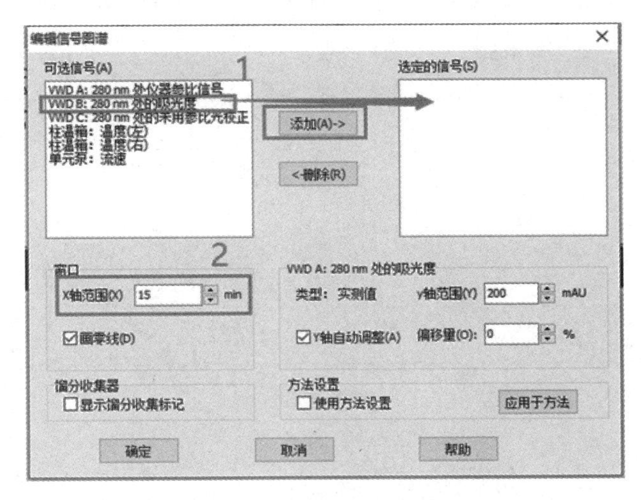

图附四-34

⑪ 在工作站窗口“序列”菜单下选择“序列表”命令，进入序列表（图附四-35），点击窗口中的“添加”按钮，序列表中增加一行，在该行中填入样品的信息（注意：填写序列表前需将样品放置到进样盘中），填写方式如下：

样品瓶：样品瓶放置在样品盘上的位置，样品 1 放在样品盘 1 号位置，样品 2 放在样品盘 2 号位置；

样品名称：该列中填入样品的名称；

方法名称：编辑方法时保存的方法名称。

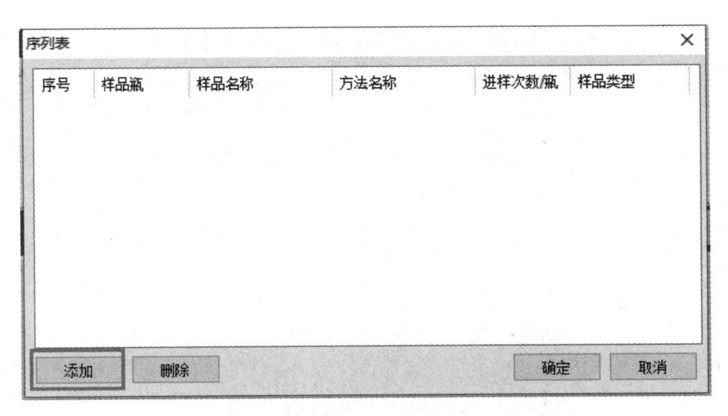

图附四-35

图附四-36 中样品 1 放置在样品盘上的 1 号位置，所调用的方法名称为“方法 . M”，进样次数为 1 次。序列表全部填写完成后，点击“确定”。

⑫ 在工作站窗口“序列”菜单下选择“运行序列”命令（图附四-37），自动进样盘中的第一个样品开始进样（图附四-38），之后工作站中出现谱图（图附四-39），然后

第二个样品开始进样并出现谱图。

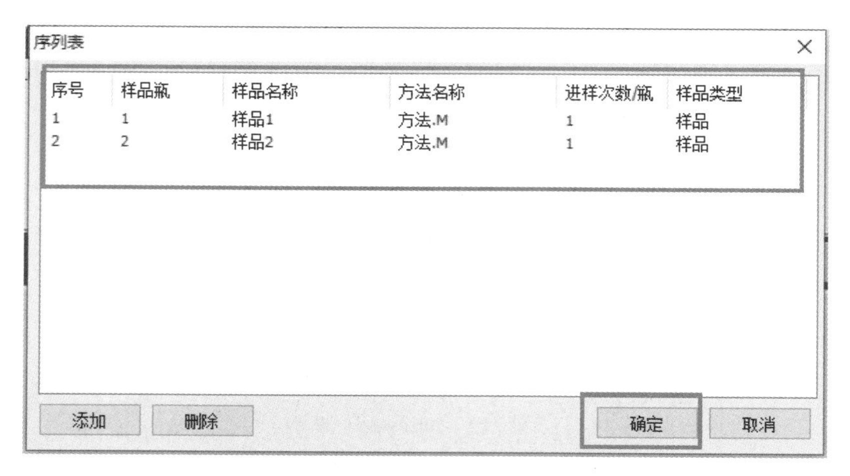

图附四-36

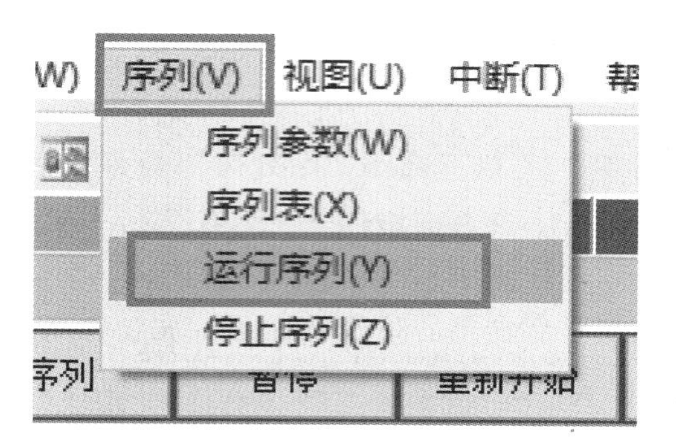

图附四-37

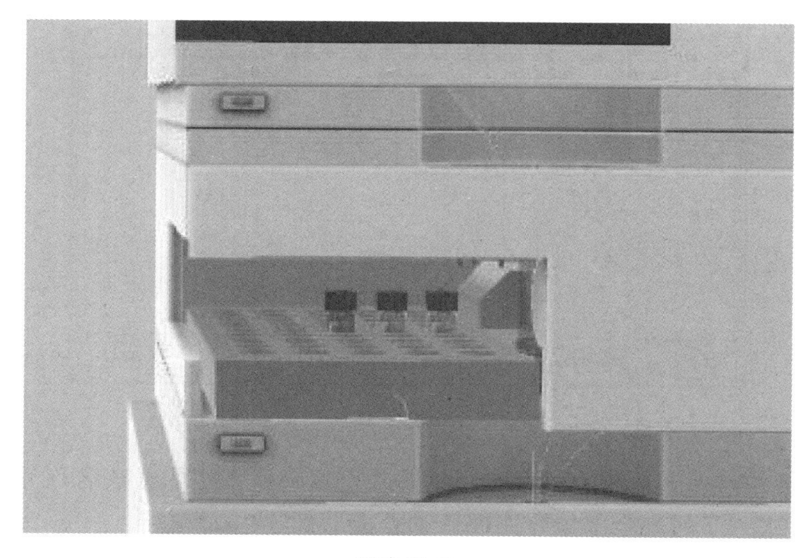

图附四-38

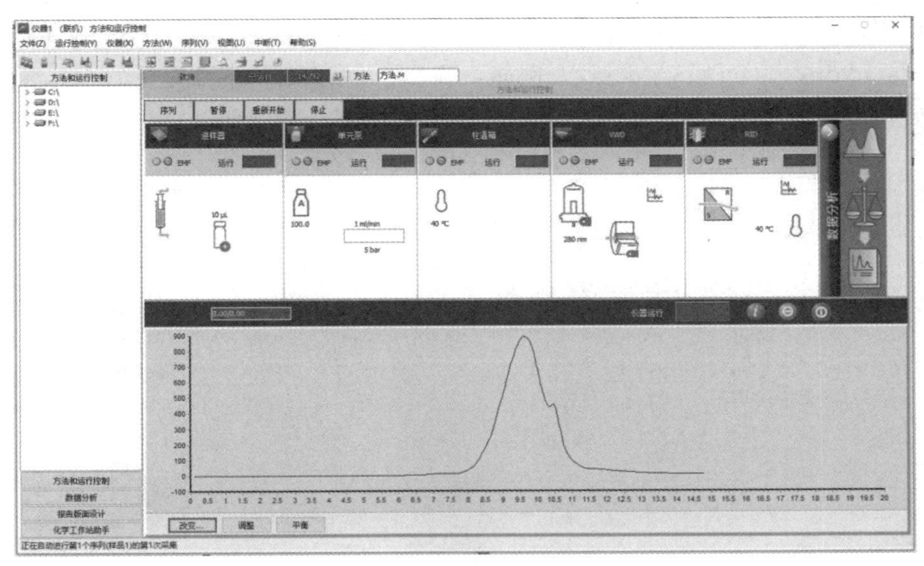

图附四-39

3.2　数据分析

① 调用谱图：单击工作站窗口中的“数据分析”（图附四-40）命令进入数据分析界面。从“文件”菜单下选择“调用信号”命令（图附四-41），弹出调用信号窗口（图附四-42）。

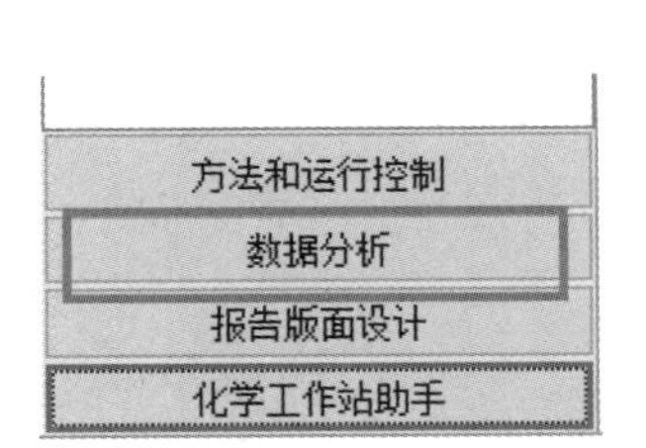

图附四-40

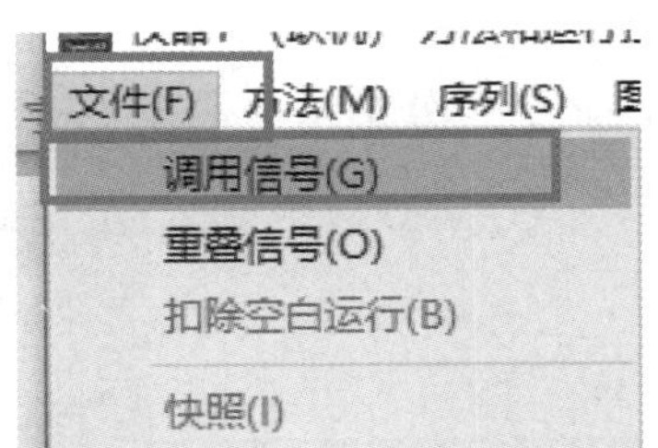

图附四-41

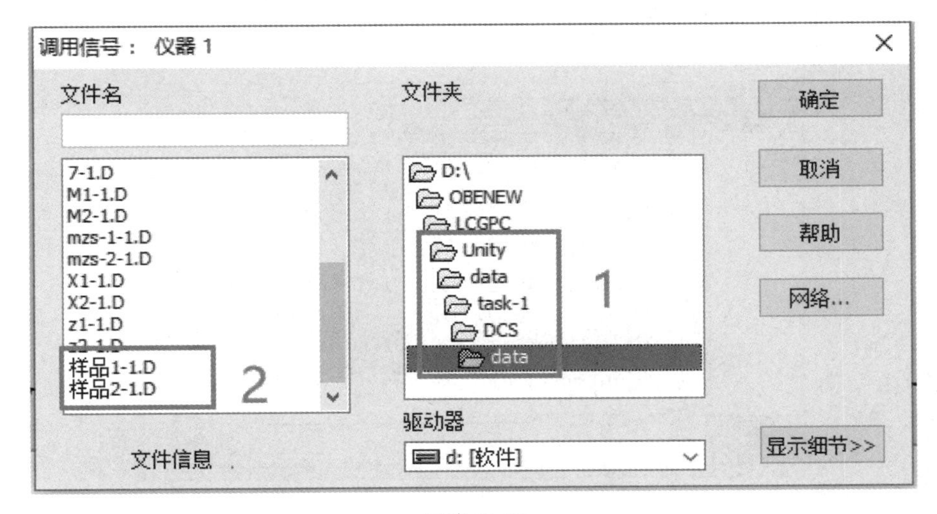

图附四-42

在调用信号窗口查找所需谱图的文件名（文件路径为 D:\OBENEW\LCGPC\Unity\data\task-1\DCS\data）。例如，样品 1 保存的文件名为样品 1-1，单击选择该文件后，点击“确定”，工作站中显示样品 1 的谱图（图附四-43）。

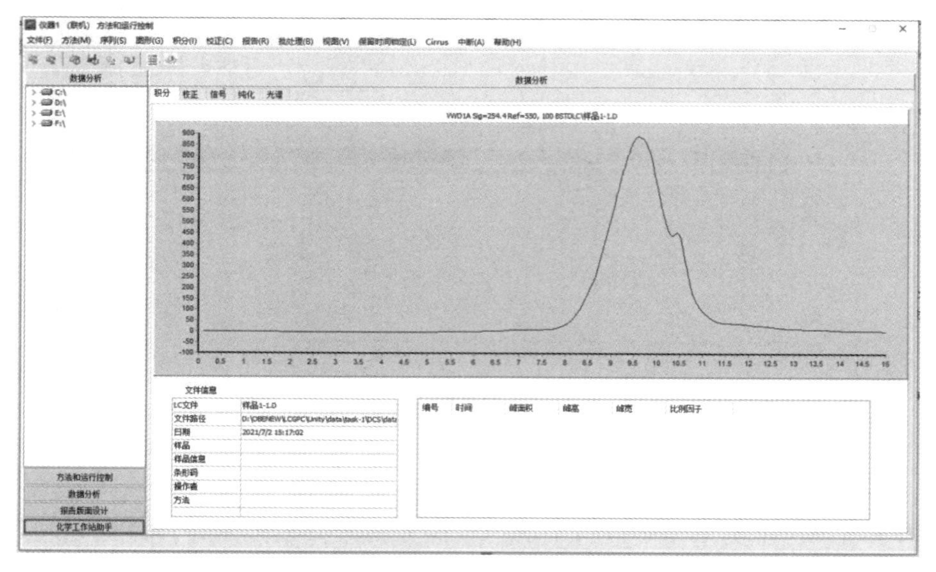

图附四-43

② 从“积分”菜单下选择“自动积分”命令（图附四-44），对当前调用的谱图自动积分，显示积分结果（图附四-45）。

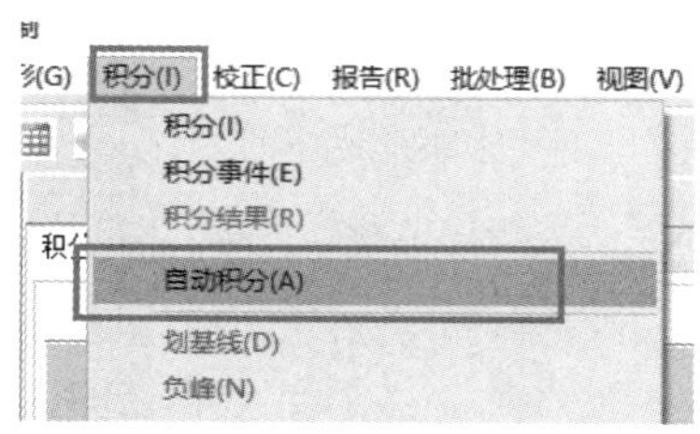

图附四-44

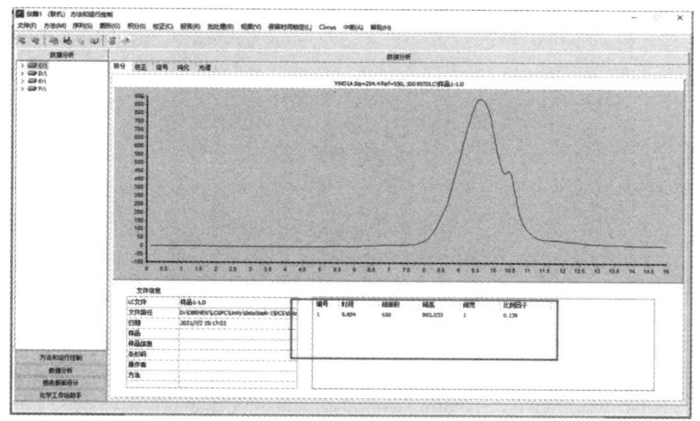

图附四-45

③ 从“Cirrus”菜单下选择“GPC 分析”命令（图附四-46），进入 GPC 分析界面（图附四-47）。可通过点击图附四-48 中的 1 和 2 处查看峰的详情，曲线 A 显示样品峰的情况，曲线 B 显示分子量分布的百分比。

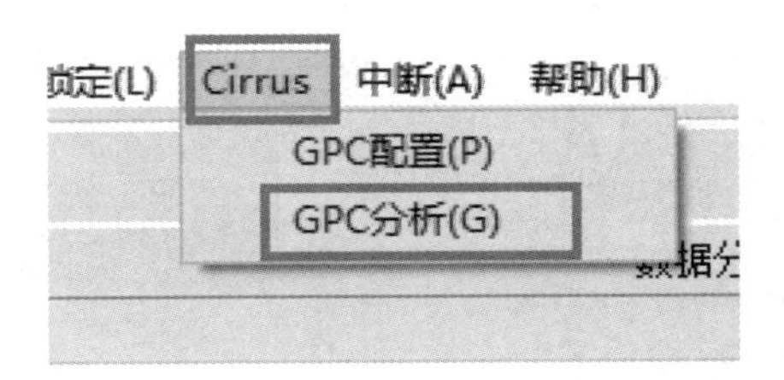

图附四-46

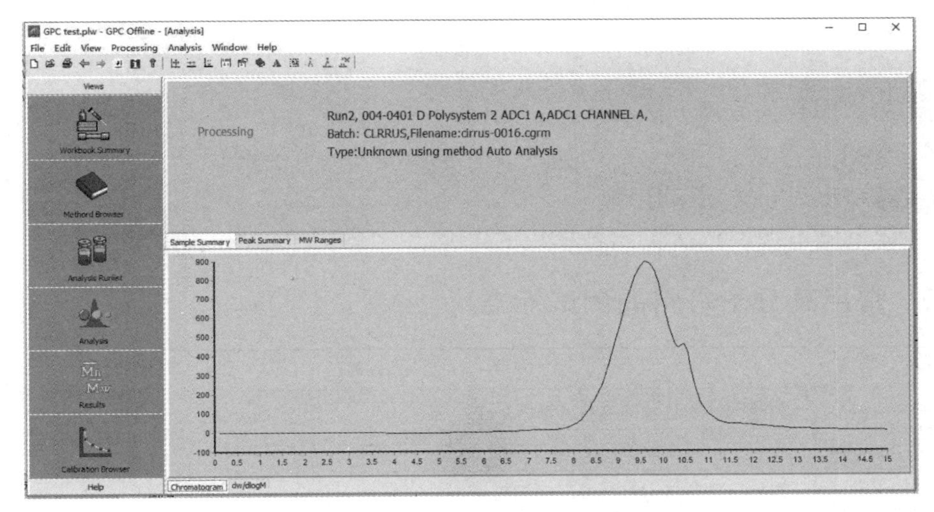

图附四-47

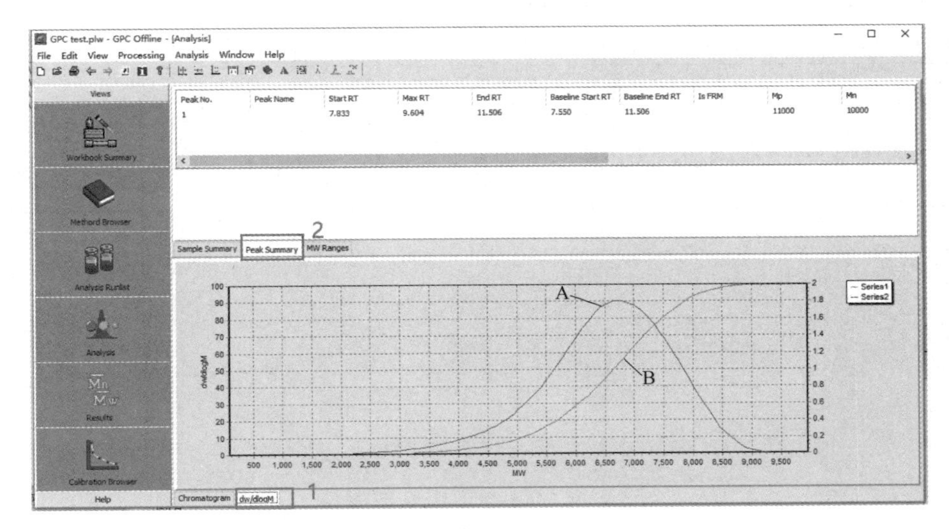

图附四-48

④ 从"File"菜单下选择"Peak Report"命令（图附四-49），弹出报告，查看后可关闭。

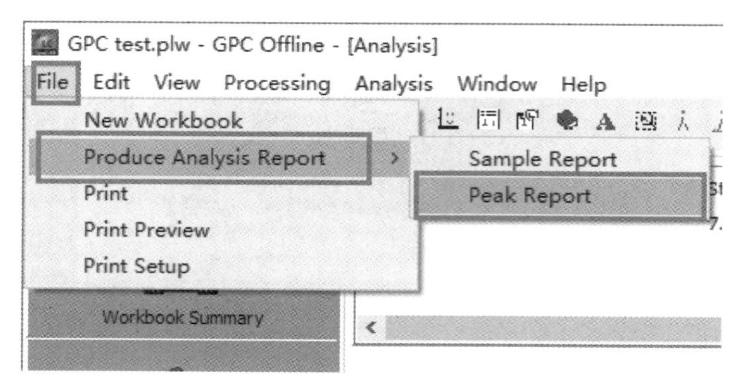

图附四-49

⑤ 样品 2 的数据处理方法和样品 1 相同。

3.3 关机

① 实验结束后，关闭工作站。

② 关闭电脑电源。依次关闭各模块的电源。

附录五 常用高分子材料的测试标准

标准	名称
GB/T 2918—2018	塑料 试样状态调节和试验的标准环境
GB/T 1040.2—2022	塑料 拉伸性能的测定 第 2 部分：模塑和挤塑塑料的试验条件
GB/T 9341—2008	塑料 弯曲性能的测定
GB/T 1043.2—2018	塑料 简支梁冲击性能的测定 第 2 部分：仪器化冲击试验
GB/T 1843—2008	塑料 悬臂梁冲击强度的测定
GB/T 21189—2007	塑料简支梁、悬臂梁和拉伸冲击试验用摆锤冲击试验机的检验
GB/T 31838.1—2015	固体绝缘材料 介电和电阻特性 第 1 部分：总则
GB/T 31838.6—2021	固体绝缘材料 介电和电阻特性 第 6 部分：介电特性(AC 方法) 相对介电常数和介电损耗因数(频率 0.1Hz～10MHz)
GB/T 31838.3—2019	固体绝缘材料 介电和电阻特性 第 3 部分：电阻特性(DC 方法) 表面电阻和表面电阻率

参 考 文 献

[1] 华幼卿，金日光．高分子物理［M］．5版．北京：化学工业出版社，2019.

[2] 何曼君，张继东，陈维孝，董西侠．高分子物理［M］．2版．上海：复旦大学出版社，2007.

[3] 钱人元，等．高聚物的分子量测定［M］．北京：科学出版社，1958.

[4] 程镕时．黏度数据的外推和从一个浓度的溶液黏度计算特性黏数［J］．高分子通讯，1960（3）：163.

[5] 庄继华．物理化学实验［M］．3版．北京：高等教育出版社，2004.

[6] 麦卡弗里 E L．高分子化学实验室制备［M］．蒋硕健，等，译．北京：科学出版社，1981.

[7] 杨海洋，朱平平，何平笙．高分子物理实验［M］．2版．合肥：中国科学技术大学出版社，2008.

[8] 闫红强，程捷，金玉顺．高分子物理实验［M］．北京：化学工业出版社，2012.

[9] 高家武．高分子材料热分析曲线集．北京：科学出版社，1990.

[10] 晨光化工厂．塑料测试［M］．北京：燃料化学工业出版社，1973.

[11] 任德财，赵冬梅，杜宇虹，李楠．介绍一个综合性实验——可乐瓶材料的认知与剖析［J］．高分子通报，2013（7）：84-88.

[12] 赵丽芬，李敏，田秀娟．形状记忆的聚乳酸/聚碳酸亚丙酯共混材料的结构与性能——针对《高分子物理》理论教学难点的综合性实验设计［J］．高分子通报，2023，36：888-893.

[13] 欧倍尔虚拟仿真软件操作说明书，2021.